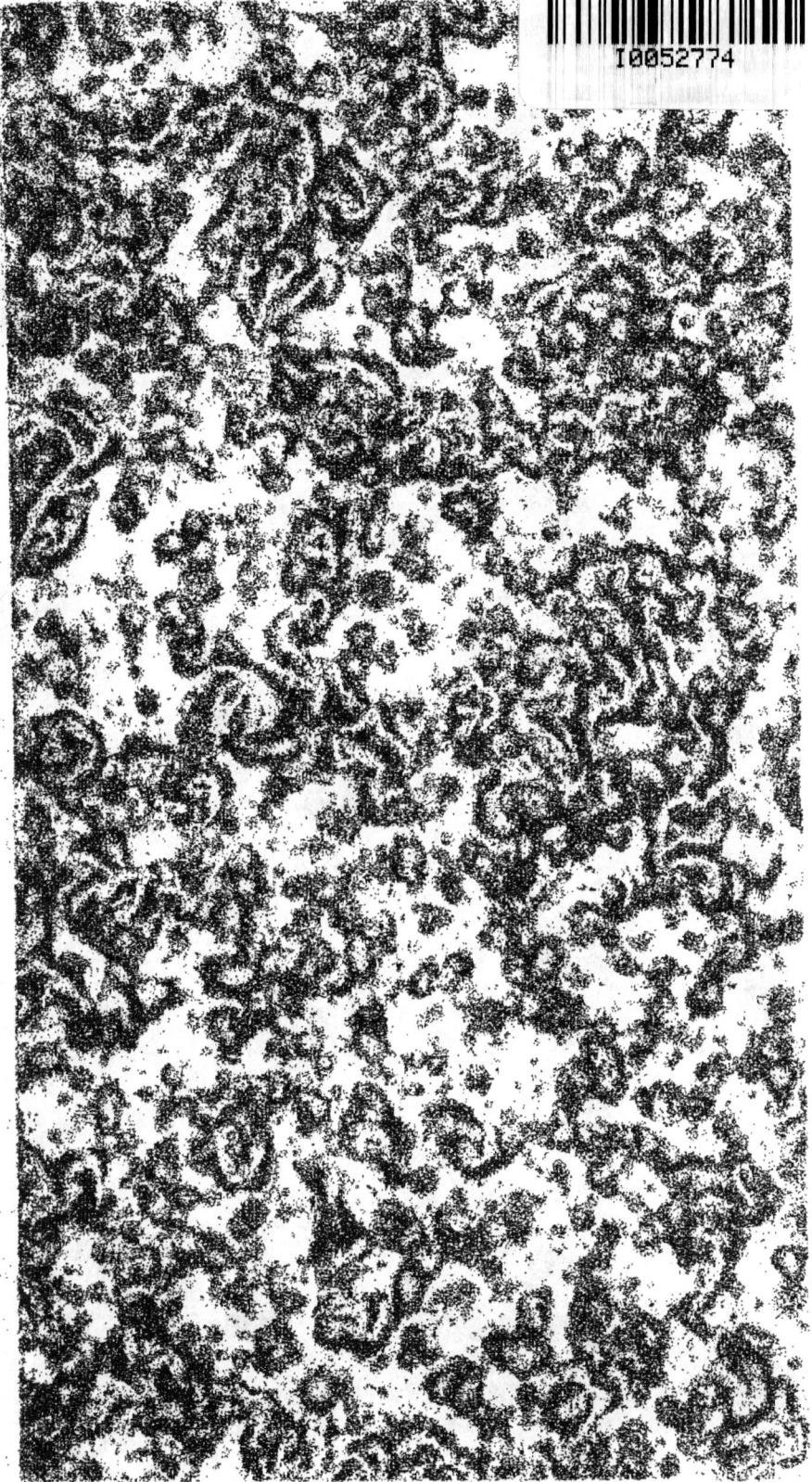

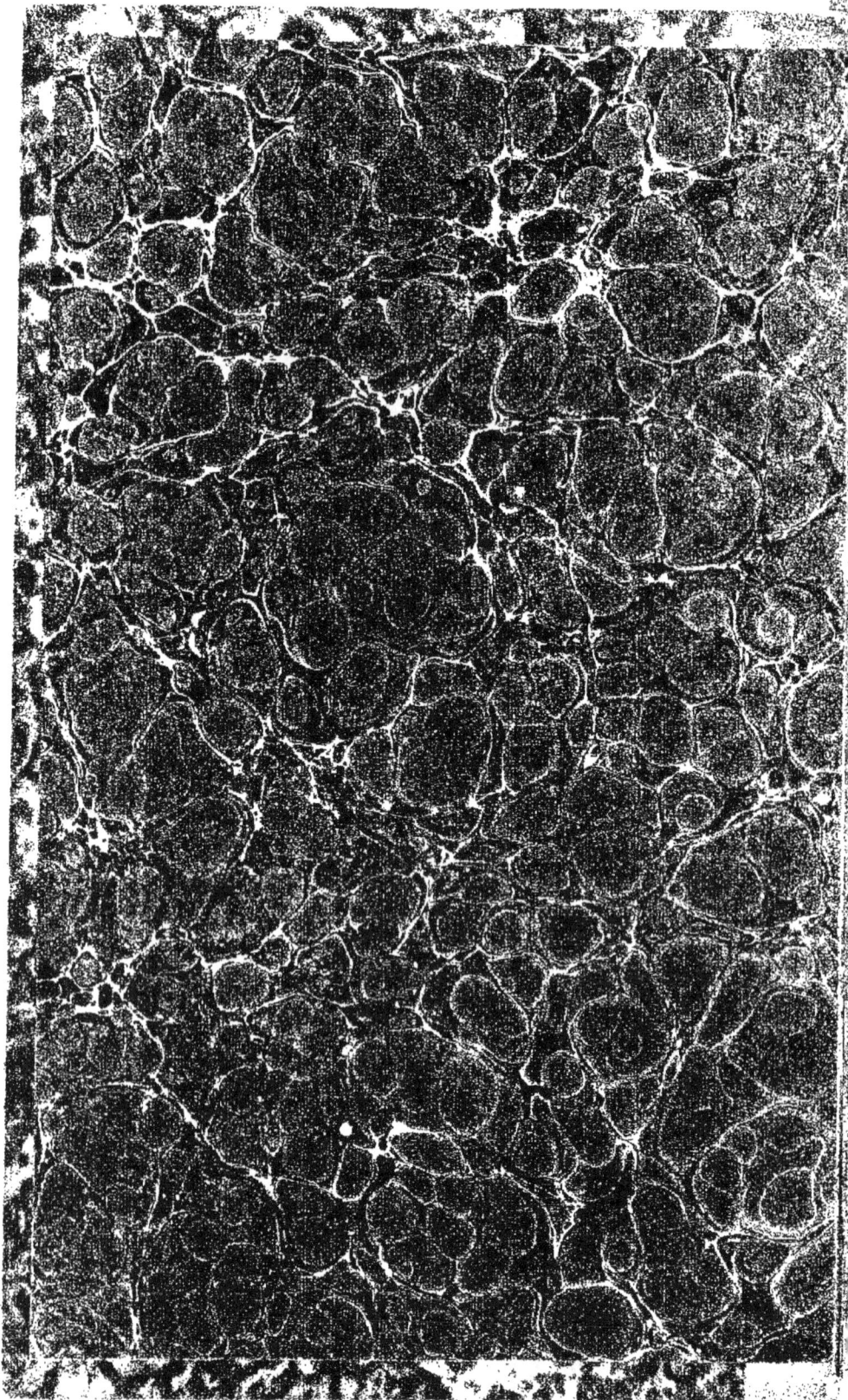

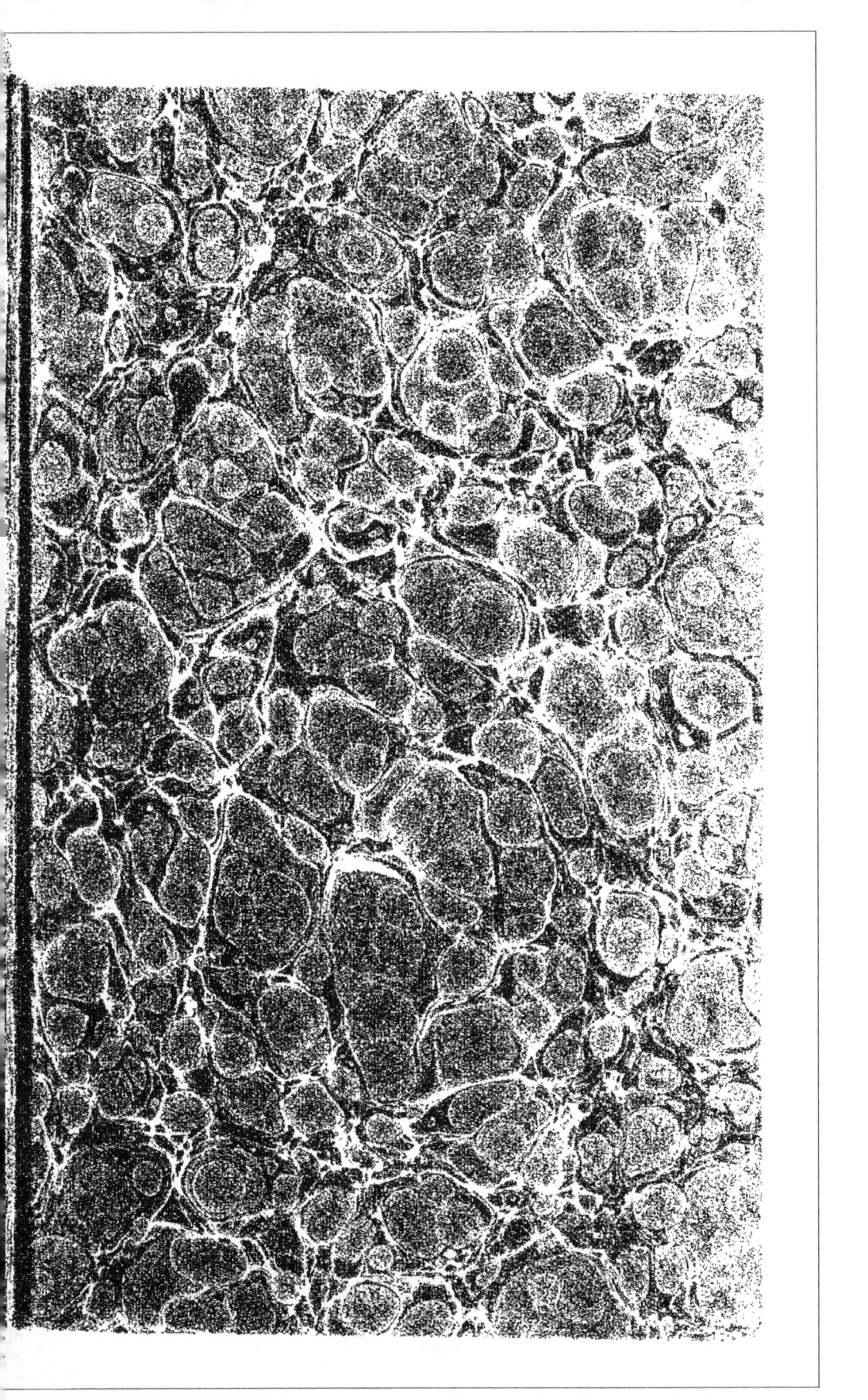

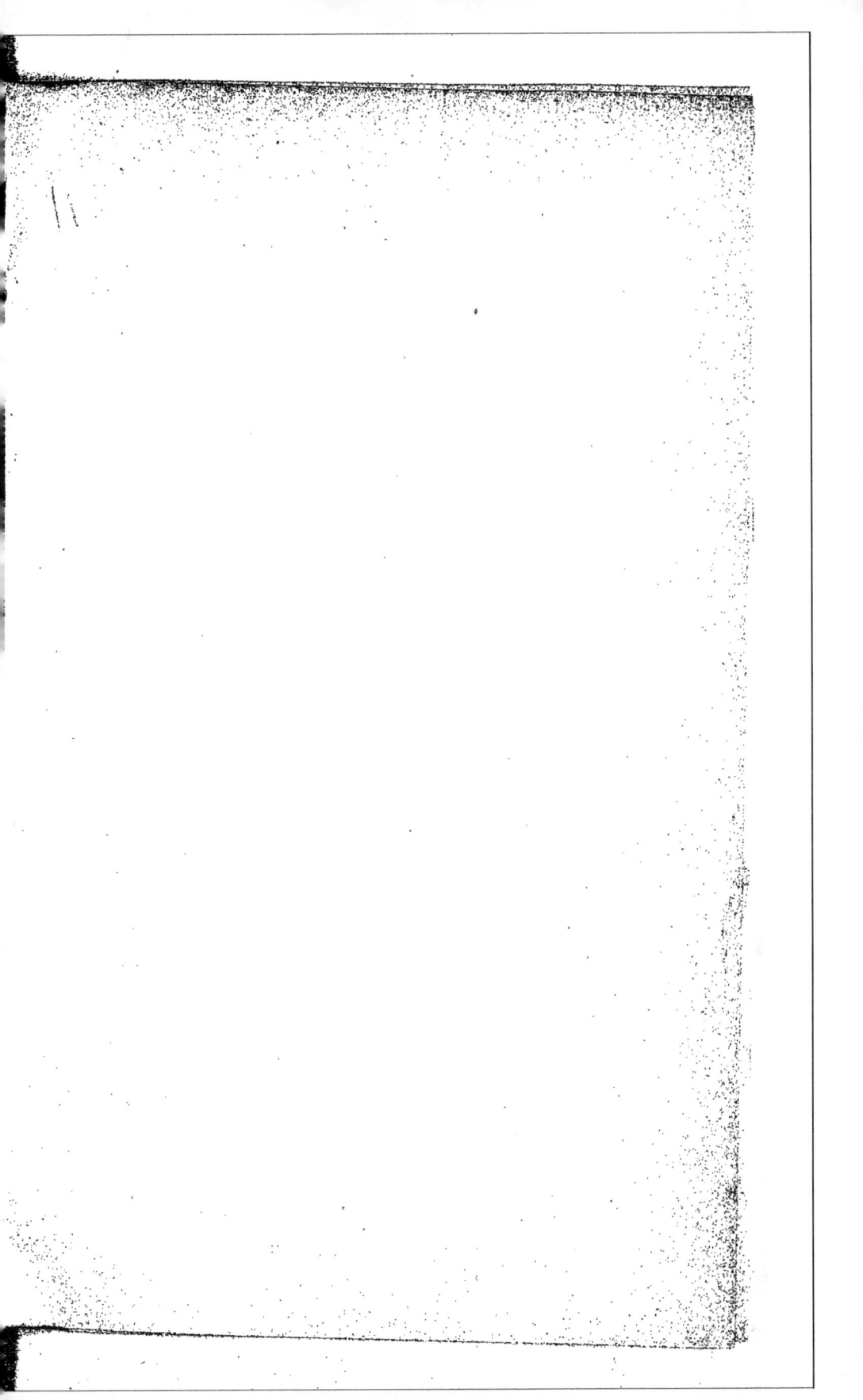

LA MORPHOLOGIE VÉGÉTALE

EXPLIQUÉE PAR DES FIGURES.

LA

MORPHOLOGIE

VÉGÉTALE

EXPLIQUÉE PAR DES FIGURES;

PAR

AUGUSTE DE SAINT-HILAIRE,

Membre de l'Institut, professeur à la Faculté des sciences , etc.

(Extrait des Leçons de botanique).

PARIS,

P.-J, LOSS, LIBRAIRE-ÉDITEUR,

1 , RUE SERPENTE.

1841.

LA MORPHOLOGIE VÉGÉTALE

EXPLIQUÉE PAR DES FIGURES.

(Chaque numéro indique un point de morphologie et forme un chapitre distinct.)

I. *Fig.* 1, bords d'une foliole calicinale de l'*Hypericum montanum* chargés de glandes vraies et pédicellées, simples expansions de l'épiderme ; —*fig.* 2, pétiole du *Passiflora alata*, portant quatre glandes vasculaires, en forme de burette, que leur position nous fait reconnaître pour des folioles rudimentaires.

II. *Fig.* 3, poil simple unicellulé, 4 simple pluricellulé ; —*fig.* 5 à 11, poils rameux, 5 en navette, 6 fourchu, 7 dichotome, 8 en goupillon, 9 glochidé, 10 en étoile, 11 en bouclier.

III. *Fig.* 12, tige du *Rubus fruticosus*, munie d'aiguillons, organes superficiels qu'on peut détacher sans endommager le bois; —*fig.* 13, tige du *Rubus glandulosus,* offrant tous les passages possibles entre le poil simple et l'aiguillon le plus robuste, et montrant qu'il n'existe qu'un seul organe superficiel plus ou moins modifié; —*fig.* 14, tige du *Prunus spinosa* chargée d'épines, qui, bien différentes des aiguillons, tiennent au tissu intime de la plante et sont des rameaux avortés.

IV. *Fig.* 15, racine à base unique du *Senecio vulgaris;* —*fig.* 16 et 17, racines à base multiple, fibreuses dans le *Poa annua* 16, fasciculées dans le *Ficaria ranunculoides* 17.

V. *Fig.* 18, tronc du *Robinia Pseudacacia;* —*fig.* 19, tige du *Cheiranthus maritimus,* L. ; — *fig.* 20, chaume du *Kœhleria villosa;* — *fig.* 21, stipe d'un Palmier.

VI. *Fig.* 22, tige souterraine et indéterminée du *Primula officinalis,* détruite à son extrémité la plus ancienne (racine mordue), offrant à sa surface la cicatrice des feuilles qui n'existent plus, chargée vers son extrémité de feuilles vivantes et d'une hampe fleurie et axillaire, terminée enfin par un bourgeon qui doit la perpétuer; —*fig.* 23, tige du *Menianthes trifoliata,* végétant au fond de l'eau et offrant à peu près les mêmes caractères que celle du *Primula officinalis;* — *fig.* 24, tige souterraine et indéterminée du *Scirpus palustris,* différant de celle du *Primula officinalis,* en ce que ses feuilles, réduites à la consistance d'écailles, restent sous le sol; les prétendues tiges de cette plante, terminées par un épi, sont, comme la hampe du *P. officinalis,* des pédoncules axillaires; —*fig.* 25, *Scirpus multicaulis;* il se distingue du *S. palustris* uniquement parce que les entre-nœuds de sa tige souterraine et indéterminée sont extrêmement courts, et que, par cette raison, ses pédoncules ou prétendues tiges se trouvent fort rapprochés; — *fig.* 26, tige souterraine du *Carex divisa,* formée de pousses ou rameaux déterminés, nés les uns des autres en quatre années différentes, l'un de quatre ans en partie détruit, le second de trois ans qui terminé par un épi se desséchera après la floraison, le troi-

sième de deux qui n'est pas encore arrivé à l'époque où il doit
fleurir, et enfin les bourgeons de l'année ; — *fig.* 27, tige souterraine de l'*Euphorbia dulcis*, formée d'une succession de rameaux déterminés et annuels, tous desséchés et plus ou moins
détruits, à l'exception du dernier qui est en fleurs et porte à sa
base le bourgeon destiné à le remplacer.

VII. *Fig.* 28, tiges volubiles, *a* celle du *Convolvulus se-*
pium, tournant de gauche à droite, *b* celle de l'*Humulus Lu-*
pulus, tournant de droite à gauche.

VIII. *Fig.* 29, la bulbe indéterminée et tuniquée du *Nar-*
cissus Tazetta, coupée dans sa longueur et montrant au sommet d'un plateau conique le bourgeon terminal destiné à con-
tinuer la plante, à côté de lui la gaîne qui contient les fleurs
de l'année, puis les tuniques concentriques ; — *fig.* 30, bulbe
indéterminée et tuniquée du *Galanthus nivalis*, qui, sous des
tuniques extérieures desséchées, en offre trois fraîches, dont
deux extérieures embrassantes et l'intérieure semi-embrassante, puis une gaîne et deux feuilles entre lesquelles est la
hampe fleurie : que nous coupions cette bulbe horizontalement,
fig. 31, nous trouverons autour du bourgeon central et de la
hampe latérale une enveloppe semi-embrassante qui est la
base de la feuille intérieure, ensuite la base tout à fait embrassante de la feuille extérieure et enfin la base également
embrassante de la gaîne ; or nous avons deux tuniques fraîches embrassantes et une semi-embrassante ; donc celles-ci ne
sont que la base des feuilles de l'année précédente, et, dans
les tuniques desséchées, nous devons voir la base de celles
d'une troisième année plus ancienne; — *fig.* 32, bulbe écailleuse
du *Lilium candidum ;* — *fig.* 33, bulbe superposée du *Crocus*
sativus.

IX. Les tubercules terminés par une fibre radicale, comme
dans l'*Orchis bifolia*, *fig.* 35, et par plusieurs, comme dans
l'*O. odoratissima*, *fig.* 36, prouvent que ceux qui sont parfaitement arrondis, chez l'*Orchis Morio*, *fig.* 34, et autres espèces

analogues, sont des racines épaissies dont l'extrémité a avorté.

X. Le pétiole, à peine embrassant à sa base dans le *Ranunculus Monspeliacus*, *fig.* 37, le devient entièrement dans l'*Angelica Razulii*, *fig.* 38, et n'est plus rétréci qu'au sommet; — le rétrécissement diminue encore chez le *Bambusa arundinacea*, *fig.* 39, et la partie qui lui est inférieure, serrée contre la tige, engaîne entièrement cette dernière; — tout le pétiole n'est plus qu'une gaîne dans le *Poa annua*, *fig.* 40, et la plupart des autres Graminées.

XI. Le pétiole du *Lathyrus sylvestris*, *fig.* 41, est ailé à droite et à gauche; — les deux ailes s'élargissent dans l'Oranger, *fig.* 42; — elles sont plus larges encore chez le *Dionœa Muscipula*, *fig.* 43, et le limbe s'y rapetisse dans la même proportion; — encore très-grandes dans le *Sarracenia*, *fig.* 44, les ailes s'y soudent par leurs bords pour former une sorte d'urne allongée que couronne un limbe fort petit, imitant un couvercle; — supposons à présent qu'au-dessous de cette urne le pétiole se prolonge dégarni d'ailes pour en reprendre à sa base qui ne soient pas soudées, nous aurons la feuille singulière du *Nepenthes*, *fig.* 45.

XII. Le *Pimpinella magna*, *fig.* 46, et d'autres Ombellifères offrent, au milieu de la tige, des feuilles dont la lame découpée est portée par un pétiole rétréci au sommet et élargi à la base; au-dessus de ces feuilles nous en voyons d'autres où le rétrécissement est moins sensible et où la lame est beaucoup plus simple; enfin il en existe, dans le voisinage des fleurs, qui sont réduites au seul pétiole : lorsque nous ne trouvons que des feuilles semblables à ces dernières dans les *Buplevrum*, qui appartiennent aussi aux Ombellifères, et en particulier dans le *B. Pyrenaicum*, *fig.* 47, nous devons évidemment dire que, chez ces feuilles, la lame a disparu et qu'elles n'ont que le pétiole.

XIII. Les tiges de diverses Cypéracées, celles, par exemple, du *Carex extensa*, *fig.* 48, produisent, à l'apogée de leur vigueur, des feuilles dont le pétiole, en forme de gaîne, se termine par une lame étalée; au-dessous de ces feuilles d'autres offrent seulement l'ébauche d'une lame, et plus bas encore nous n'avons plus que le pétiole engaînant : quand, chez certaines espèces de la même famille, telles que le *Scirpus palustris*, *fig.* 49, nous ne voyons d'autres organes appendiculaires que des gaînes, il est clair que nous devons les regarder comme des pétioles dont la lame ne s'est pas développée.

XIV. Les feuilles de la plupart des Mimosées, par exemple de l'*Acacia eburnea*, *fig.* 50, se composent d'un très-grand nombre de folioles; — il existe des folioles semblables au sommet des pétioles linéaires et élargis des feuilles inférieures de l'*Acacia heterophylla*, *fig.* 51, et quand ensuite, au-dessus de ces feuilles, nous ne trouvons que des lames linéaires sans folioles, nous devons dire évidemment que ce sont des pétioles ; — dans les feuilles simples et linéaires d'une foule d'Acacies de la Nouvelle-Hollande, telles que l'*Acacia fragrans*, *fig.* 52, nous ne verrons donc non plus que des pétioles, et les feuilles du *Lathyrus Nissolia*, *fig.* 53, linéaires et entières seront aussi pour nous des pétioles sans lame.

XV. Organes appendiculaires réduits à l'état d'écailles, dans un *Orobanche*, *fig.* 54, le *Lathræa clandestina*, *fig.* 55, et l'*Asparagus acutifolius*, *fig.* 56.

XVI. Feuille rectinerviée dans l'*Amaryllis vittata*, *fig.* 57; curvinerviée dans le *Melastoma cornifolia*, 58 ; penninerviée chez le *Fagus sylvatica*, 59; triplinerviée dans le *Melastoma multiflora*, 60 ; digitinerviée chez le *Tropæolum majus*, 61.

XVII. Feuilles disséquées du *Ranunculus aquatilis*, *fig.* 62, et de l'*Hydrogeton fenestralis*, 63.

XVIII. La feuille entière penninerviée, celle, par exemple, du *Viburnum Tinus*, *fig.* 64, se découpant par degré, devient successivement dentée comme celle du *Phillyrea latifo-lia*, *fig.* 65, lobée comme celle de l'*Erodium malacoïdes*, *fig.* 66, pinnatifide celle du *Cichorium Intybus*, *fig.* 67, pin-natipartite, du *Sisymbrium vimineum*, *fig.* 68, pinnatiséquée, du *Tagetes erecta*, *fig.* 69, composée, du *Colutea arborescens*, 70, bipennée, du *Gleditschia triacanthos*, 71.

XIX. La feuille ailée de l'*Onobrychis supina*, *fig.* 72, se termine par une foliole aussi bien développée que les autres ; — dans l'*Orobus tuberosus*, *fig.* 73, la foliole terminale est réduite à une courte nervure presque dépourvue de paren-chyme ; — chez le *Lathyrus Tingitanus*, *fig.* 74, les trois der-nières folioles n'offrent que leur nervure, ou, en termes techniques, la feuille se termine par une vrille trifide ; — tout parenchyme disparaît dans le *Lathyrus Aphaca*, *fig.* 75, la feuille entière n'est plus qu'une vrille, mais, par compensa-tion, les stipules se développent outre mesure ; — dans les *Smi-lax* en général, et en particulier le *Smilax aspera*, *fig.* 76, ce n'est pas au sommet du pétiole, mais sur les côtés, au-dessous d'une feuille, que se trouvent les vrilles ; donc, au lieu de représenter, dans ces plantes, une foliole terminale comme chez les Légumineuses, ce sont des folioles latérales qu'elles représentent.

XX. La tige de l'*Ononis Natrix*, *fig.* 77, produit à sa base des feuilles trifoliolées ; celles de son sommet paraissent sim-ples, mais comme elles sont semblables à la foliole termi-nale des feuilles inférieures, et qu'il existe une articulation entre elles et leur pétiole, ce qui n'arrive jamais aux feuilles vraiment simples, il est clair que ce sont des feuilles à trois folioles dont les deux latérales n'ont pu se développer faute d'une énergie suffisante, ou, pour mieux dire, ce sont des feuilles unifoliolées ; — toutes celles de l'*Ononis varie-gata*, *fig.* 78, seront aussi unifoliolées, et, dans l'Oran-ger, *fig.* 79, nous en verrons encore de même nature, puisque leur limbe est articulé avec le pétiole ; — enfin la feuille du *Sarcophyllum carnosum* , *fig*. 80 , qui présente une sorte de cylindre pointu, articulé aux deux tiers de sa longueur, sera nécessairement le pétiole d'une feuille composée dont le limbe est réduit à l'axe ou nervure moyenne.

XXI. *Fig* 81 , feuilles opposées du *Phlomis fruticosa* , unies à leur base par une petite bride ; cette bride devient bien plus sensible dans le *Dipsacus laciniatus* , *fig*. 82 ; — les feuilles connées du *Crassula perfoliata* , *fig*. 83 , sont à peine distinctes l'une de l'autre ; — la feuille perfoliée du *Bupleurum rotundifolium* , *fig*. 84 , est un pétiole périphérique étalé et sans lame.

XXII. Les stipules latérales sont réduites dans le *Noblevillea Gestasiana*, ASH., *fig*. 85, à n'être que des glandes vasculaires ; — elles se développent un peu plus dans le *Lathyrus Nissolia*, *fig*. 86 ; — un peu plus encore chez le *Vicia variegata*, *fig*. 87 ; dans le *Lathyrus pratensis*, *fig*. 88, elles ont déjà une grandeur très-sensible ; — celles du *Dorycnium suffruticosum*, *fig*. 89, sont semblables aux folioles de ses feuilles trifoliolées ; — celles du *Viola tricolor*, *fig*. 90 , semblent être les découpures d'une feuille tripartite ; — celles enfin du *Rubia tinctorum* , *fig*. 91, ne diffèrent pas des feuilles elles-mêmes.

XXIII. *Fig*. 92 , stipules latérales du *Capparis spinosa* métamorphosées en épine ; — *Fig*. 93, celle du *Cucumis Colocynthis* solitaire et métamorphosée en vrille.

XXIV. *Fig*. 94 , stipules du Charme latérales et parfaitement libres ; — 95 , celles du *Rubus collinus* , soudées à leur base avec le pétiole ; — 96 , celles du *Rosa centifolia* , adhérentes à la même partie dans presque toute leur longueur.

XXV. *Fig*. 97 , stipules latérales des feuilles opposées de l'*Erodium malacoides* , soudées à leur base et simulant une gaîne fendue au sommet ; — 98 , celles des feuilles également

opposées du *Spermacoce rubrum*, entièrement soudées et formant une gaîne complète.

XXVI. La stipule axillaire, parfaitement libre dans le *Drosera graminifolia*, *fig.* 100, se soude avec la base du pétiole
chez le *Drosera Anglica*, *fig.* 99; — dans ces plantes elle n'oc-
cupe qu'une petite partie de la circonférence de la tige, elle
devient périphérique chez le *Ficus elastica*, *fig.* 101, et y re-
couvre le bourgeon; — libre chez cette dernière espèce, elle se
soude avec le pétiole dans le *Polygonum lapathifolium*, *fig.* 102;
— celle du *Melianthus major*, *fig.* 103, étant parinerviée et
bifide au sommet se compose évidemment de deux stipules soudées, et il en est probablement de même de toutes les stipules
axillaires.

XXVII. En général, la feuille se trouve placée à l'extérieur
et la stipule axillaire entre elle et la tige; dans plusieurs *Astragalus* et, en particulier, l'*Astragalus Onobrychis*, *fig.* 104,
c'est la feuille qui est plus rapprochée de la tige que la stipule.

XXVIII. A l'aisselle du pétiole du *Potamogeton natans*,
fig. 105, il existe une stipule axillaire, membraneuse et embrassante, — soudée avec le pétiole ou gaîne du *Poa trivialis*,
fig. 107, et des autres Graminées, mais, libre tout à fait à son
extrémité supérieure, une semblable stipule forme, dans sa
partie libre, ce qu'on appelle une ligule; — la réalité de cette
soudure est démontrée jusqu'à la dernière évidence par le
Lamarkia aurea, *fig.* 106, où la ligule continue une partie
inférieure et membraneuse qui dépasse la gaîne et sur laquelle
se voit sans peine la limite de cette dernière.

XXIX. *Fig.* 108, tige du *Salvia clandestina*, portant, avec
des feuilles opposées, des bractées qui le sont également; —
fig. 109, tige du *Polygala distans*, qui, vers son milieu, donne
naissance à des feuilles verticillées, et, à son sommet épuisé,
n'en produit plus que d'opposées et d'alternes; — *fig.* 110, tige

de l'*Euphorbia segetalis*, dont les feuilles alternes deviennent verticillées par l'extrême raccourcissement des entre-nœuds, lorsque la plante appauvrie a perdu sa vigueur ; —*fig.* 111, feuilles du *Campanula Erinus*, qui, alternes à la partie inférieure de la tige, sont opposées à son sommet, parce que les entre-nœuds n'ont plus assez d'énergie pour s'étendre d'une manière sensible.

XXX. Une fleur, celle, par exemple, de l'*Erica multiflora*, *fig.* 112, peut être accompagnée de trois bractées verticillées, lorsque la plante entière a des feuilles disposées en verticilles ; — il existe aussi trois bractées dans le *Gaylussacia Pseudovaccinium*, *fig.* 113, mais l'une appartient évidemment à la tige et les deux autres au pédoncule ; — chez le *Polygala vulgaris*, *fig.* 114, les trois bractées se rapprochent par le raccourcissement très-sensible du pédoncule ; — ce dernier se raccourcit davantage encore dans l'*Iresine celosioides*, *fig.* 115, et, au premier coup d'œil, les trois bractées, nées réellement de deux axes, semblent partir ensemble du même point.

XXXI. Bractées réunies en calicule dans le *Dianthus Monspeliacus*, *fig.* 116 ; en cupule dans le Chêne, *fig.* 117; en péricline dans le *Centaurea collina*, *fig.* 118; en involucre dans l'*Euphorbia serrata*, *fig.* 119 : entre ces diverses enveloppes il existe une foule d'intermédiaires qui échappent à nos définitions ; ainsi l'involucre du *Passiflora alata*, *fig.* 120, mérite ce nom, parce qu'il est placé à quelque distance du calice, et en même temps il ne renferme qu'une fleur comme les calicules.

XXXII. Le *Tagetes patula*, *fig.* 121, et le *Corylus Avellana*, *fig.* 122, ont des enveloppes qui, formées d'un seul rang de bractées verticales soudées ensemble, sont parfaitement semblables dans leurs caractères principaux ; c'est donc à tort que, consultant des analogies étrangères à ces enveloppes elles-mêmes, on a appelé la première péricline et la seconde cupule.

XXXIII. L'involucre polyphylle dans l'*Astrantia major*,

fig. 123 , devient monophylle dans le *Buplevrum stella-tum*, *fig.* 124 , par la soudure de ses parties ; — avec l'invo-lucre monophylle il faut se garder de confondre celui qui, comme dans l'*Æthusa Cynapium*, *fig.* 125 , est réduit, par un défaut de développement , à une seule foliole.

XXXIV. *Fig.* 126 , spathe univalve de l'*Arum maculatum ;* — *fig.* 127 , spathe bivalve de l'*Allium oleraceum*.

XXXV. *Fig.* 128 , bourgeons écailleux et sessiles du Lilas , *a* le terminal continuation de la tige , *b* les latéraux opposés appartenant à une seconde génération , rudiments de rameaux ; — 129, bourgeon du Platane renfermé dans la base du pétiole ; — 130, bourgeons nus du *Viburnum Lantana ;* — 131 , bourgeons dits pétiolés de l'Aune, dans lesquels l'axe ne commence à produire des organes appendiculaires que beau-coup au-dessus de sa base.

XXXVI. Dans le *Cactus Opuntia*, *fig.* 132, la tige et les ra-meaux s'aplatissent; chez le *Ruscus aculeatus* , *fig.* 133 , les derniers rameaux sont seuls aplatis ; ceux-ci , dans cet état , ressemblent exactement à des feuilles ; mais ce qui prouve qu'ils n'ont de ces organes que l'apparence , c'est qu'ils nais-sent à l'aisselle de feuilles avortées et portent des fleurs; — bien loin de se dilater, le rameau, chez quelques plantes , comme le *Mespilus Germanica* , *fig.* 134, reste grêle , s'effile , donne à peine naissance à des bourgeons avortés , et devient une épine.

XXXVII. *Fig.* 136 , tige à feuilles opposées du *Mirabilis Jalapa* , chez laquelle n'avortent ni le bourgeon terminal ni les latéraux, et qui, par conséquent, est trichotome ; — *fig.* 135, tige à feuilles opposées du *Valerianella olitoria* , où avorte le bourgeon terminal , et qui est nécessairement dichotome ; — *fig.* 137, exemple de fausse dichotomie dans le *Geum urbanum* , où la tige est forcée de s'incliner pour céder une partie de sa place au rameau usurpateur, accompagné d'une feuille comme tous les rameaux : dans ces trois figures, l'ordre des générations est indiqué par des numéros.

XXXVIII. *Fig.* 139, individu naissant et à une seule tige du *Veronica hederæfolia ; fig.* 138, le même individu devenu en apparence multicaule par le développement des rameaux inférieurs d'une grosseur à peu près égale à la sienne.

XXXIX. *Fig.* 140, coulant du Fraisier ; — *fig.* 141, propa- cule du *Sempervivum tectorum ;* — *fig.* 142, jet de l'*Ajuga rep- tans ;* — *fig.* 143, Pommes de terre, extrémités renflées des rameaux souterrains du *Solanum tuberosum.*

XL. *Fig.* 144, turion du *Pæonia biloba ; — fig.* 145, *soboles* du *Carex divisa.*

XLI. *Fig.* 146, caïeux du *Hyacinthus orientalis ; — fig.* 147, bulbilles du *Lilium bulbiferum,* nés à des aisselles de feuilles.

XLII. Les pédoncules sont des rameaux raccourcis réduits à ne porter que des verticilles floraux, par exemple, dans le *Lysimachia Nummularia, fig.* 148 ; — c'est donc à tort que l'on appelle pédoncules terminaux des extrémités de tige nues et chargées de fleurs, comme chez le *Daucus Carota, fig.* 149, ou même des extrémités nues et fleuries de rameaux feuillés, comme le *Pyrethrum Parthenium, fig.* 150, en fournit sou- vent des exemples.

XLIII. Le nom de hampe, qui a fait naître de nombreuses confusions, doit être réservé aux pédoncules des tiges souter- raines ou très-raccourcies, par exemple à ceux du *Primula Sinensis, fig.* 151, et l'on doit dire des tiges déterminées qui ne portent pas d'organes appendiculaires entre les feuilles ra- dicales et les fleurs, ex. *Pterotheca Nemausensis, fig.* 152, qu'elles sont nues dans cet intervalle : très-souvent cette der- nière plante offre tout à la fois de véritables hampes et une tige fleurie, qui, excepté à sa base, est nue dans toute sa longueur.

XLIV et XLV. *Fig.* 153 , pédoncule supra-axillaire du
Menispermum Canadense , résultat du développement de l'un
des deux bourgeons qui naissent constamment au-dessus de
la feuille , et dont l'inférieur avorte toujours ; —*fig.* 154, pédoncule pétiolaire du *Thesium bracteatum* , qui , soudé avec
le pétiole, semble sortir de cette portion d'organe ; — *fig.* 155,
péd. épiphylle du *Tilia Europæa* adhérant , dans une grande
partie de sa longueur, au limbe de la bractée; —*fig.* 156, péd.
épiphylle du *Ruscus aculeatus*, né d'un rameau aplati qui a
l'apparence d'une feuille; —*fig.* 157, péd. marginaux du *Xylophylla speciosa*, produits par les bords des rameaux aplatis ;
—*fig.* 158, tige du *Spartium junceum*, montrant que dans cette
plante , comme la plupart des autres , les fleurs peuvent ap-
partenir à une seconde génération, tandis que, chez le *Ruscus
aculeatus*, *fig.* 156, et le *Xylophylla speciosa*, *fig.* 157, elles appartiennent au moins à la troisième, étant toujours produites par
des rameaux aplatis, nés d'une tige ou d'un rameau de forme
ordinaire ; — *fig.* 159, pédoncule oppositifolié du *Solanum
Dulcamara* , qui n'est point un pédoncule véritable , mais le
sommet avorté d'une tige dont un rameau axillaire très-vigou-
reux a usurpé la place ; — *fig.* 160, pédoncule oppositifolié du
Cuphea arenarioides ; la *fig.* 161 représentant un individu de
cette espèce (*C. arenarioides*, var. *muscosa*), sans aucun rameau
et avec une fleur terminale, montre clairement que le prétendu
pédoncule oppositifolié est une extrémité de tige ; —*fig.* 162,
pédoncule alaire du *Stellaria Holostea*, sommité de tige réduite
à porter une fleur et dépassée par deux rameaux latéraux et
divergents, nés de deux feuilles opposées; — *fig.* 163, pédoncule interfoliacé de l'*Arenaria lateriflora ;* mêmes caractères
que pour le pédoncule alaire , avec cette différence que l'un
des rameaux latéraux ne s'est point développé , que l'autre a
pris une position presque verticale , et que , par conséquent,
l'extrémité avortée de la tige mère , faux pédoncule , se trouve
fort rapprochée de ce dernier.

XLVI. *Fig.* 164 , pédoncules du *Trifolium subterraneum*

se courbant après la floraison pour enfouir dans la terre les calices persistants et les fruits ; — *fig.* 165, ceux du *Linaria Cymbalaria* s'allongeant d'une manière très-sensible, afin d'aller cacher les capsules qui les terminent dans les trous des murailles ; — *fig.* 166 , celui du *Cyclamen Europæum* , roulé en spirale après la floraison ; — *fig.* 167, ceux des fleurs femelles du *Vallisneria spiralis*, qui, tordus avant l'épanouissement des boutons, se déroulent pour porter les fleurs à la surface de l'eau et se tordent une seconde fois après la fécondation.

XLVII. *Fig.* 169 , pédoncule de l'*Anacardium occidentale*, épaissi , gorgé de sucs et terminé par le fruit ou Noix d'acajou beaucoup moins large que lui ; la *fig.* 168 montre ce qu'il était encore, quelque temps après la chute de la corolle ; — *fig.* 170, pédoncules de l'*Alyssum spinosum* dont les inférieurs , par l'avortement des organes floraux , se sont métamorphosés en épines ; — *fig.* 171 , celui de l'*Urvillea glabra* qu'un avortement semblable a réduit à l'état de vrille.

XLVIII. *Fig.* 172, pédoncule articulé de l'*Asparagus officinalis* ; — si l'on dépouillait artificiellement de ses feuilles la tige du *Dianthus articulatus*, *fig.* 173 , on verrait à chacun de ses nœuds une articulation semblable ; donc chez l'*Asparagus officinalis* l'articulation indique la place d'organes qui ne se sont pas développés.

XLIX. *Fig.* 174 , tige uniflore et sans rameau , du *Tulipa Gesneriana* , exemple de l'inflorescence la plus simple , celle qui est déterminée et appartient tout entière au premier degré de végétation ; — *fig.* 175, rameaux uniflores et à fleur terminale du *Dianthus Monspeliacus*, offrant chacun la répétition de l'inflorescence du *Tulipa Gesneriana;* — inflorescence indéterminée et appartenant au second degré de végétation dans le *Veronica agrestis*, *fig.* 176, dont les fleurs sont axillaires , dans la grappe du *Convallaria majalis* , *fig.* 177 , où les feuilles à l'aisselle desquelles sont nées les fleurs se sont métamorphosées

en bractées , dans l'épi du *Plantago major* , *fig.* 178 , qui ne diffère d'une grappe que par l'extrême raccourcissement des pédoncules , dans le capitule du *Dipsacus pilosus* , *fig.* 179 , épi refoulé sur lui-même , dans l'ombelle simple de l'*Allium angulosum*, *fig.* 180, grappe refoulée sur elle-même ; — *fig.* 183, inflorescence appartenant au troisième degré de végétation dans l'ombelle du *Cachrys lævigata* , chez laquelle des rameaux , nés à l'aisselle de bractées réunies en involucre , produisent à leur sommet d'autres rameaux qui partent du même point , arrivent à la même hauteur et se terminent par une fleur ; — *fig.* 182, corymbe du *Mespilus Oxyacantha*, où les pédoncules naissent de points différents pour porter les fleurs à peu près à une hauteur semblable ; *fig.* 181 , panicule du *Comesperma Kunthiana*, grappe ramifiée : ces deux inflorescences appartiennent à un degré de végétation qui n'est pas fixe, mais qui est toujours au moins le troisième ; — inflorescence déterminée et à plusieurs degrés dans la cyme du *Lychnis Flos cuculi* , *fig.* 184 , où la fleur terminale de la tige est dépassée par les rameaux nés à l'aisselle de deux feuilles placées à la base de cette même tige , comme celle des rameaux l'est elle-même par d'autres rameaux ; même inflorescence dans le fascicule du *Dianthus Carthusianorum*, *fig.* 185, qui diffère seulement d'une cyme en ce que les rameaux très-raccourcis n'élèvent pas leurs fleurs au-dessus de celle de la tige.

L. *Fig.* 186 , fleurs verticillées du *Convallaria verticillata* , résultat du développement complet de bourgeons nés à l'aisselle de feuilles également verticillées; — *fig.* 187, fleurs du *Vinca rosea*, qui , avec des feuilles opposées , sont alternes, parce que le bourgeon axillaire d'une des deux feuilles avorte constamment et avec une alternance régulière.

LI. *Fig.* 188 , feuilles du *Jasminum officinale*, offrant à leur aisselle deux rameaux fleuris , résultat d'autant de bourgeons axillaires; — *fig.* 189, feuilles supérieures du *Rumex Acetosella*, qui , dans son aisselle , présente deux rameaux dont le plus petit a produit un demi-verticille de fleurs.

LII. *Fig.* 190, fleurs du *Lamium album*, sessiles et disposées en faux verticilles (*verticillastrum*, Bentham) ; — dans le *Melissa Calamintha*, autre Labiée, *fig.* 191, il existe des cymes axillaires bien caractérisées, où la fleur qui termine le pédoncule et tient le milieu entre les autres s'épanouit la première ; c'est aussi la fleur moyenne qui commence la floraison du *Lamium album*, par conséquent nous devons considérer les faux verticilles de cette plante et ceux de tant d'autres espèces de la même famille comme des cymes dont les pédoncules ne se sont point développés.

LIII. Chez un grand nombre de Crucifères, par exemple, le *Sisymbrium obtusangulum*, *fig.* 192, les fleurs semblent d'abord disposées en corymbe ; mais, à mesure que la plante se développe, les entre-nœuds s'allongent, les fleurs supérieures s'éloignent des inférieures, et l'on ne tarde pas à voir, comme l'indique la *fig.* 193, que l'inflorescence est une véritable grappe qui originairement était très-contractée.

LIV. *Fig.* 194, chaton du *Corylus Avellana*; — *fig.* 195, spadix de l'*Arum maculatum*.

LV. *Fig.* 196, épillet uniflore de l'*Agrostis alba*; *fig.* 197, le même épillet dont les parties sont représentées comme étant écartées les unes des autres pour qu'on puisse mieux reconnaître leur position respective, *aa* la glume composée de deux folioles, *bb* les deux paillettes, *c* les deux paléoles, *d* les organes sexuels : là glume est un involucre composé de deux bractées, les paillettes constituent le verticille floral inférieur dont deux pièces soudées forment la paillette supérieure parinerviée, enfin les deux paléoles sont le verticille supérieur réduit à deux folioles et où la place de la troisième est restée vide ; — *fig.* 198, épillet multiflore du *Bromus mollis*; *fig.* 199, le même épillet dont les parties ont été artificiellement écartées les unes des autres pour qu'on pût reconnaître qu'il se compose d'une réunion d'épillets uniflores, disposés, sans leur glume, le long d'un axe commun, lequel porte à sa base une glume générale , *aa* l'axe commun des fleurs , *bb* la glume , *cc* les fleurs ou épillets uniflores sans glume particulière : la comparaison des *fig.* 196 et 197 avec les *fig.* 198 et 199 nous fait voir un seul degré de végétation dans l'épillet uniflore et deux dans l'épillet multiflore.

LVI. *Fig.* 200, l'épi du *Triticum repens* , composé d'épillets multiflores rangés le long d'un axe commun ; *fig.* 201 , un de ces épillets représenté seulement avec sa glume et ses axes , et placé sur l'axe commun : cette deuxième figure, montrant trois degrés de végétation dans l'épi des Graminées, nous prouve que cet épi n'est pas l'analogue de celui des autres plantes où les fleurs appartiennent toujours au second degré (V. LX et XLIX); —*fig.* 202, épi du *Lolium perenne ; fig.* 203, le même épi représenté seulement avec des axes et des glumes , *a* axe commun , *b* glumes des épillets latéraux , *c* axes des mêmes épillets latéraux , *d* axes de chacune des fleurs des épillets latéraux : cette figure nous fait voir que l'axe de l'épillet terminal est la continuation de l'axe commun de l'épi, et que, par conséquent, les fleurs de cet épillet appartiennent au second degré de végétation, tandis que, dans les épillets latéraux dont l'axe particulier est un rameau de l'axe commun, les fleurs appartiennent au troisième degré ; la même figure montre aussi que la glume univalve des épillets étant produite par l'axe commun, il existe dans l'ensemble de ces épillets des productions de trois degrés de végétation , savoir cette même glume , l'axe de l'épillet, enfin l'axe de chaque fleur et ses appendices.

LVII. Le réceptacle des fleurs du capitule grêle , cylindrique , analogue à l'axe d'un épi, dans l'*Anthemis mixta* , *fig.* 204 , devient successivement oblong chez l'*Anthemis incrassata, fig.* 205, conique dans l'*Anthemis maritima, fig.* 206, convexe dans l'*Anthemis Triumfetti, fig.* 207, plane chez le *Centaurea nigra , fig.* 208 , concave dans le *Carlina vulgaris, fig.* 209.

LVIII. *Fig.* 210 , réceptacle cupuliforme du *Dorstenia Bra-*

siliensis ; supposons-le imparfaitement plié sur lui-même, nous aurons celui du *Mithridatea quadrifida , fig.* 211 , qui reste un peu ouvert; rapprochons complétement les bords de ce dernier, nous formerons une Figue, *fig.* 212 ; et, si nous pouvions élever le réceptacle du *Dorstenia* et lui faire gagner en hauteur ce qu'il perdrait en largeur , nous verrions paraître une inflorescence analogue à celle du *Morus alba , fig.* 213 , et même du Houblon, *fig.* 214 et 215 ; donc toutes ces inflorescences, en apparence si différentes , n'offrent entre elles que des nuances.

LIX. La cyme du *Lychnis Coronaria, fig.* 216, est une inflorescence vraiment dichotomique, où l'axe principal, terminé par une fleur, se trouve bientôt dépassé par deux rameaux qui, nés à l'aisselle de deux feuilles opposées , appartiennent l'un et l'autre à une seconde évolution, et se bifurquent de la même façon que l'axe primaire ; la cyme du *Sedum acre , fig.* 217 , présente une fausse dichotomie dont une branche est l'extrémité de la tige, tandis que l'autre, née à l'aisselle d'une des feuilles alternes , est un rameau qui, ayant pris autant d'énergie que la tige , l'a forcée à s'incliner; la cyme du *Sambucus nigra, fig.* 218, nous offre un axe primaire *a,* qui produit plusieurs étages de rameaux *b ,* ramifiés eux-mêmes *c ,* et qui se continue jusqu'au sommet de l'inflorescence ; donc , sous le nom de cyme, on a indiqué des dispositions florales fort différentes.

LX. *Fig.* 219 , inflorescence terminale du *Veronica spicata,* appartenant à l'axe primaire et ne lui permettant pas de se développer davantage ; —*fig.* 220, inflorescence axillaire du *Veronica Beccabunga* appartenant à une seconde évolution et n'arrêtant que le développement des rameaux ou des pédoncules.

LXI. Dans le *Nemophila phaseloides , fig.* 223 , le sommet de la tige est évidemment réduit à un long pédoncule uniflore opposé à une grande feuille et forcé à l'obliquité par un rameau usurpateur né à l'aisselle de la même feuille ; à une distance

assez considérable, un nouveau rameau oblige aussi le premier
à s'incliner et usurpe sa place ; une suite de rameaux nais-
sent ainsi les uns des autres, toujours de plus en plus raccourcis, et une grappe scorpioïde se forme ; quand je trouve,
comme dans le *Myosotis arvensis*, *fig.* 221, 222, une grappe
semblable, sans aucune fleur inférieure portée par un long pédoncule, je dois dire que c'est une suite d'autant de petits
axes entés les uns sur les autres qu'il existe de fleurs ; — les
grappes scorpioïdes, dans un même genre, souvent dans une
même espèce, se combinent de diverses manières ; le *M. ar-*
vensis, dans la *fig.* 221, offre une grappe terminale et plusieurs
grappes axillaires, et la même plante dans la *fig.* 222 présente
une cyme dont une branche est la tige et l'autre un rameau ; —
dans l'inflorescence dichotomique du *Silene paradoxa*, *fig.* 224,
en réalité analogue à celle du *Lychnis Coronaria*, *fig.* 216, un
des deux rameaux inférieurs est plus court que l'autre ; des
deux rameaux qui viennent immédiatement au-dessus, il y
en a un qui reste plus court encore ; plus haut, l'un des deux
disparaît toujours, et il se forme un faux épi composé d'autant d'axes qu'il y a de fleurs, et dont chacun, accompagné à
sa base de deux bractées, est le reste d'une dichotomie : je
verrai une inflorescence semblable dans tous les épis de Ca-
ryophyllées, lors même que, dès la base de l'épi, un des
deux rameaux aura manqué de se développer.

LXII. La corolle du *Jasminum fruticans*, *fig.* 226, composée d'un tube et d'un limbe beaucoup plus large que lui, doit
indispensablement former dans le bouton, *fig.* 225, une
massue dont la partie inférieure sera représentée par le tube,
et la supérieure par le limbe ; — les pétales linéaires et obtus de
l'Oranger, *fig.* 228, étant rapprochés, ne peuvent former qu'un
bouton cylindrique et obtus, *fig.* 227 ; — le grand pétale
ou étendard du *Coronilla glauca*, 230, plié dans le bouton
pour envelopper les autres pétales, donne nécessairement à ce
dernier la figure d'un croissant.

LXIII. Exemples de la direction propre dans la préfloraison

des folioles calicinales du *Clematis Viticella*, *fig.* 231, 232 ; de la corolle du *Papaver Rhœas*, 233 ; de celle du *Seseli tortuosum*, 234, 235 ; du *Campanula Trachelium*, 236, 237.

LXIV. Exemples de la direction relative des organes dans la préfloraison : *Fig.* 238, 239, préfloraison valvaire de l'*Hibiscus liliiflorus* ; — *fig.* 240, 241, préfloraison tordue du *Linum Narbonense* ; — *fig.* 242, 243, quinconciale des *Cistus* ; — *fig.* 244, 245, cochléaire du *Salvia lamiifolia* : — les *fig.* 239, 241, 242, 243 représentent la coupe horizontale des organes dans les diverses préfloraisons.

LXV. Trois folioles sont placées immédiatement au-dessous de la corolle dans le *Ficaria ranunculoides*, *fig.* 246 ; un peu plus bas, dans l'*Anemone Hepatica*, *fig.* 247 ; à une grande distance dans l'*A. Pulsatilla*, *fig.* 248, et encore à une grande distance dans l'*A. narcissiflora*, *fig.* 249, où une fleur naît à l'aisselle de chacune ; si, dans ce dernier, nous considérions les trois folioles comme un involucre, il faudrait nécessairement faire un involucre de celles des *A. Pulsatilla* et *Hepatica*, et nous arriverions à appeler involucre les trois folioles du *Ficaria ranunculoides* que tout le monde, avec raison, regarde comme un calice ; disons donc que, dans toutes ces plantes, si voisines les unes des autres, il existe trois folioles calicinales plus ou moins éloignées des pétales, et que des bourgeons peuvent quelquefois se développer à l'aisselle de folioles de cette nature, comme à celle des bractées et des feuilles caulinaires.

LXVI. Les deux folioles extérieures du calice du *Rosa centifolia*, *fig.* 250, sont élargies, lancéolées et garnies à droite et à gauche de petits appendices foliacés ; ces appendices, sauf la différence de grandeur, sont exactement semblables aux folioles des feuilles caulinaires disposées le long d'une côte moyenne ; donc la partie élargie et lancéolée à laquelle ils tiennent doit être considérée comme une côte dilatée ; par conséquent, les deux folioles intérieures où nous ne voyons que cette partie élargie sont des feuilles réduites à la côte moyenne, et nous devons en dire autant de toutes les folioles du *Rosa Bengalensis*, *fig.* 251, qui se montrent sous la forme de lanières dilatées sans appendices ou folioles latérales.

LXVII. Les cinq folioles calicinales, libres dans le *Ranunculus Monspeliacus*, *fig.* 252 (calice polyphylle), sont soudées à leur base dans les *Phlox*, *fig.* 253 (calice quinquépartite); jusqu'à la moitié ou un peu moins dans le *Silene conica*, *fig.* 254 (cal. quinquéfide); presque jusqu'au sommet dans le *Silene Italica*, *fig.* 255 (calice quinquédenté).

LXVIII. Le calice est régulier dans les *fig.* 252, 253, 254, 255 (V. LXVII), parce que ses folioles sont semblables, et que la soudure arrive à la même hauteur; il est encore régulier dans le *Marrubium commune*, *fig.* 257, et les Potentilles, *fig.* 258, où les parties sont dissemblables, mais en nombre pair, et où cinq parties plus petites, égales entre elles, alternent avec cinq grandes égales entre elles; — il est irrégulier, mais d'une irrégularité secondaire, dans l'*OEnothera grandiflora*, *fig.* 259, où il se présente moins soudé entre deux folioles qu'entre les autres, et où toutes les folioles sont d'ailleurs parfaitement semblables; l'irrégularité est bien plus réelle chez le *Trifolium rubens*, *fig.* 256, dont une foliole est plus longue que les autres; elle va plus loin encore dans les calices dits bilabiés ou à deux lèvres, tels que celui du *Melissa Nepeta*, *fig.* 260, chez lequel deux folioles d'un côté et trois de l'autre, fort différentes des premières, sont soudées dans une longueur plus considérable que les deux lèvres ne le sont entre elles.

LXIX. Explication de la composition de quelques calices de forme insolite : Le *Scutellaria galericulata*, plante labiée, *fig.* 261, a un calice à deux lèvres entières; de la comparaison de ce calice avec celui du *Melissa Nepeta*, *fig.* 260, autre Labiée, il faudra évidemment conclure que sa lèvre supérieure se compose de deux folioles entièrement soudées entre elles et l'inférieure de trois folioles soudées de la même manière. — Le calice de l'*Origanum Majorana*, *fig.* 262, a la

forme d'une bractée; mais celui de l'*O. vulgare* , *fig.* 264 , est
à deux lèvres comme dans une foule d'autres Labiées ; chez
l'*O. Dictamnus* , *fig.* 263 , toutes les folioles se sont soudées
d'un côté ; cependant la soudure a eu lieu entre deux des folioles , seulement jusqu'à moitié , et le calice forme une sorte
de cornet ; que de ce même côté elle n'eût pas eu lieu du
tout , nous aurions eu le calice en forme de bractée de l'*O.
Majorana.* — Le calice de l'*Ulex nanus* , *fig.* 265 , plante du
groupe des Papilionacées, offre deux folioles distinctes et semblables , tandis que les autres Papilionacées ont un calice tu-
buleux bilabié dont la lèvre supérieure est à deux divisions et
l'inférieure à trois ; mais nous remarquons deux dents à l'une
des folioles de l'*Ulex nanus* et trois à l'autre; donc la première
correspond à la lèvre supérieure des Papilionacées ordinaires,
et l'autre à la lèvre inférieure : ce sont des lèvres qui ne se
sont pas soudées entre elles , et les deux folioles de la supérieure doivent être bien plus grandes que les trois de l'inférieure,
puisque, soudées, elles présentent un ensemble égal à celui que
forment les dernières également soudées.

LXX. Le calice des Composées réduit à n'être qu'une aigrette formée de paillettes membraneuses chez le *Catananche
cærulea* , *fig.* 266 (*pappus paleaceus*); de nervures rameuses
dans le *Carduus Monspessulanus* , *fig.* 267 (*pappus plumosus,*
aigrette plumeuse); de nervures simples dans l'*Eupatorium
cannabinum* , *fig.* 268 (*pappus pilosus* , aigrette poilue); d'un
petit nombre de soies roides dans le *Bidens bipinnata* , *fig.* 269
(*pappus aristatus*); — l'aigrette plumeuse du *Centranthus
ruber* , *fig.* 271, est roulée sur elle-même , *fig.* 270 , tant que
la corolle n'est pas tombée.

LXXI. Un pétale est une feuille altérée ; nous avons des
pétales sessiles et des feuilles sessiles , ex. le pétale du *Rosa
Bengalensis* , *fig.* 272 , et la feuille du *Phillyrea latifolia* ,
fig. 273 ; — nous avons des pétales onguiculés , c'est-à-dire
pétiolés et des feuilles pétiolées , ex. le pétale de l'*Arabis Al-*

pina, *fig.* 274 , et la feuille du *Pyrola chlorantha* , *fig.* 275.

LXXII. *Fig.* 276 , pétale régulier du *Camellia Japonica* ; *fig.* 277 , pétale irrégulier de l'*Orobus vernus* (l'une des deux ailes) ; — *fig.* 278 , corolle régulière du *Cheiranthus Cheiri*, composée de pétales réguliers et égaux entre eux ; *fig.* 279 , corolle irrégulière du *Pelargonium cordifolium* , formée de pétales réguliers et dissemblables ; *fig.* 281 , corolle régulière du *Fugosia sulfurea* , composée de pétales irréguliers , *fig.* 280 , mais semblables.

LXXIII. *Fig.* 282 , corolle du *Convolvulus Cantabrica* à l'état normal ; *fig.* 283 , monstruosité de la même corolle dans laquelle les pétales ne s'étaient soudés que tout à fait à leur base.

LXXIV. Les pétales soudés à leur base seulement forment une corolle partite dans l'*Anagallis fruticosa*, *fig.* 284 ; — soudés environ jusqu'à moitié, ils en font une fendue chez le *Campanula limoselloides* , *fig.* 285 ; — soudés presque jusqu'au sommet, ils en forment une dentée dans le *Gaylussacia centunculifolia* , *fig.* 286.

LXXV. La corolle monopétale n'est qu'une corolle polypétale dont les pièces se sont soudées ; que les pétales de la corolle rosacée du *Potentilla verna* , *fig.* 287 , contractent à leur base une légère adhérence , nous aurons une corolle en roue analogue à celle de l'*Anagallis fruticosa* , *fig.* 288 ; — les pétales de la corolle caryophyllée du *Silene Italica* , *fig.* 289 , soudés par leurs onglets, produiraient une corolle hypocratériforme, comme dans le *Primula elatior*, *fig.* 290 ; — en soudant les pétales libres de l'*Oxalis bipartita* , *fig.* 291 , nous formerons une corolle campanulée à peu près semblable à celle du *Campanula Trachelium* , *fig.* 292.

LXXVI. *Fig.* 293 , corolle bilabiée du *Rosmarinus officinalis* , où deux pétales d'un côté et trois de l'autre sont plus soudés que les deux groupes ne le sont entre eux ; — *fig.* 296, corolle personnée du *Linaria triphylla*, qui diffère de la bilabiée uniquement parce que l'entrée du tube est fermée par un palais, saillie de la lèvre inférieure ; — *fig.* 294, corolle du *Teucrium brevifolium*, *fig.* 295, corolle du *Lobelia fulgens*, chez lesquelles les deux pétales supérieurs sont plus soudés avec les trois inférieurs qu'ils ne le sont entre eux.

LXXVII. *Fig.* 248, capitule flosculeux de l'*Ageratum conyzoides*; *fig.* 299, un fleuron détaché de ce capitule;—*fig.* 300, capitule radié du *Bellis perennis*; *fig.* 299, un demi-fleuron détaché de ce même capitule.

LXXVIII. *Fig.* 301, étamine isolée du *Pilocarpus pauciflorus* (pétale entièrement métamorphosé), vue de face ; — *fig.* 302, la même vue du côté du dos ; — *fig.* 303, les dix étamines monadelphes de l'*Oxalis confertissima* ; — *fig.* 304, les dix étamines diadelphes de l'*Amicia glandulosa* ; — *fig.* 305, étamines polyadelphes du *Melaleuca hypericifolia* (peut-être chaque groupe terminal est-il, dans cette plante, le résultat d'un dédoublement).

LXXIX. *Fig.* 306, étamine de l'*Allium sativum* dont le filet est à trois pointes, une des deux latérales roulée en vrille; —*fig.* 307, filet éperonné de l'étamine du *Rosmarinus officinalis*; — *fig.* 308, filet fourchu de l'étamine du *Prunella grandiflora*; —*fig.* 309, une écaille placée devant l'étamine dans le *Simaba ferruginea* ; — *fig.* 310, une écaille placée derrière l'étamine ou à son dos dans le *Borago officinalis*.

LXXX. *Fig.* 311, filet du *Davilla flexuosa*, continu avec l'anthère ; —*fig.* 312, filet du *Caryocar Brasiliense* attaché au dos de l'anthère; —*fig.* 313, filet du *Tulipa Gesneriana* attaché au fond d'un trou ménagé dans la base du connectif.

LXXXI. *Fig.* 314, le connectif de l'étamine du *Ticorea febrifuga*, prolongé à sa base ; *fig.* 315, prolongement de même nature dans le *Melastoma heterophylla* (dans cette plante et la précédente la partie supérieure de la lame du pétale s'est seule métamorphosée en anthère); —*fig.* 316, connectif du *Xylopia grandiflora*, prolongé au sommet et tronqué; — *fig.* 317, étamine du *Noisettia Roquefeuillana* dont le connectif est prolongé au sommet en une large membrane et le filet en un long éperon (dans cette espèce la partie inférieure de la lame du pétale s'est seule métamorphosée en anthère).

LXXXII. Exemples d'anthères uniloculaires dans le *Polygala corisoides*, *fig.* 318, et dans le *Gomphrena macrocephala*, *fig.* 319.

LXXXIII. *Fig.* 320, anthère extrorse du *Cazalea ascendens.*

LXXXIV. *Fig.* 321, anthère du *Gomphia glaucescens*, s'ouvrant au sommet par deux pores ; — *fig.* 322, anthère du *Berberis glaucescens* dont la valve antérieure, lors de la déhiscence, se détache avec élasticité de la base au sommet ; — *fig.* 323, anthère à quatre loges du *Persea gratissima*, où chacune des loges s'ouvre comme celles du *Berberis glaucescens.*

LXXXV. *Fig.* 324, étamines de l'*Erodium geoides*, alternes avec des corps aplatis, qui, parfaitement semblables aux filets des étamines voisines, ne sont évidemment eux-mêmes que des filets dont les anthères ont avorté; —*fig.* 325, androphore du *Buttneria celtoides* dont les cinq filets stériles soudés avec les cinq fertiles ont pris un aspect pétaloïde.

LXXXVI. Exemples de diverses formes de grains de pollen : *Fig.* 326, grain sans plis et sans pores du *Jatropha pandurœfolia* ; — *fig.* 327, grain chargé de plis longitudinaux du *Sherardia arvensis* ; — *fig.* 328, grain du *Salsola scoparia*, parsemé de pores.

LXXXVII. *Fig.* 329, pollen de l'*Orchis militaris* réuni en masses céracées; —*fig.* 330, pollen de l'*Asclepias phytolaccoides* réuni en masses céracées.

LXXXVIII. Souvent, dans les Roses doubles, on voit des pétales qui, s'étant contractés à leur base, *fig.* 331, offrent un on-
glet surmonté d'une lame ; celle-ci se contracte également d'un
côté, et, dans la substance de sa moitié chiffonnée, se forme
une matière jaune qui n'est autre chose que du pollen ; de cet
exemple il résulte clairement que le filet de l'étamine est l'on-
glet du pétale, que l'anthère est sa lame, que le pollen résulte
d'une métamorphose de la substance comprise entre les deux
surfaces de cette dernière, enfin que le connectif est la côte
moyenne non métamorphosée ; — même à l'état habituel, l'organe fécondant du *Canna Indica*, *fig.* 332, se montre pétale
d'un côté et anthère à une loge du côté opposé ; — les étamines
du *Bocagea viridis*, *fig.* 333, ne diffèrent nullement des pétales sessiles par leur forme ; mais, au-dessus de leur milieu,
la substance intérieure s'est, sur deux lignes fort courtes,
changée en pollen ; — dans le *Viscum album*, *fig.* 334, la substance de tout le pétale se métamorphose par intervalles en
poussière fécondante, de manière à faire paraître alvéolée la surface supérieure du pétale ; — chez le *Castrea falcata*, *fig.* 335,
une très-petite portion de la substance du pétale s'est changée
en pollen, et celui-ci se trouve niché dans un petit trou qui
existe au sommet de chacune des trois parties de la corolle.

LXXXIX. Toutes les formes propres aux feuilles et aux
pétales, même les plus singulières, se retrouvent dans les
étamines : la forme de ces dernières chez le *Melissa grandiflora*,
fig. 336, et le *Thymus Patavinus*, *fig.* 337, rappelle celle des
feuilles de l'*Hedysarum Vespertilionis*, *fig.* 338 ; — les étamines du *Stemodia trifoliata*, *fig.* 339, et du *Salvia pratensis*,
fig. 340, sont, en quelque sorte, la miniature des feuilles
de l'*Aristolochia bilobata*, *fig.* 341.

XC. Le disque se montre sous la forme de pétales dans
l'*Helicteres Sacarolha*, *fig.* 342 et 343, *a* véritable corolle,
b gynophore (réceptacle prolongé), *c* pièces pétaloïdes du disque ; — il est réduit à l'état de glandes chez le *Cheiranthus Cheiri*,
fig. 344 ; — les glandes se soudent pour former une cupule dans

le *Ticorea jasminiflora*, *fig.* 345, mais leur partie supérieure est encore libre ; — la soudure est complète et la cupule entière chez l'*Almeidea rubra*, *fig.* 346 ; — la cupule du *Pæonia Moutan*, *fig.* 347, s'élève bien plus haut que celle de l'*Almeidea rubra* et enveloppe les ovaires ; — au lieu de prendre une direction droite, le disque du *Cobæa scandens*, *fig.* 348, s'étale horizontalement ; — celui du *Melampyrum cristatum*, *fig.* 349, est réduit à une pièce unique par le défaut de développement des quatre autres pièces.

XCI. Le réceptacle, prolongement de l'axe ou pédoncule, ne montre dans le *Cleome pentaphylla*, *fig.* 350, aucun intervalle appréciable entre le calice et les pétales, il offre ensuite un long entre-nœud (gynophore) entre ceux-ci et les étamines, et un autre entre ces derniers et l'ovaire ; — dans le *Lychnis Viscaria*, *fig.* 351, il n'y a plus qu'un entre-nœud sensible, et il sépare le calice des verticilles supérieurs ; — l'entre-nœud, encore unique, se trouve chez le *Simaba ferruginea*, *fig.* 352, entre les étamines et l'ovaire ; — dans l'*Astragalus bidentatus*, *fig.* 353, c'est entre les étamines et l'ovaire qu'on observe l'entre-nœud ; — chez le *Cazalea ascendens*, *fig.* 354, il n'existe aucun entre-nœud appréciable ou gynophore, mais le réceptacle s'est allongé pour pouvoir porter les ovaires très-nombreux ; — dans le *Bocagea viridis*, *fig.* 355, tout l'axe floral s'est déprimé et forme, comme dans la plupart des fleurs, un réceptacle plan.

XCII. *Fig.* 356, fleur du *Crassula rubens*, composée de cinq verticilles pentamères, qui alternent les uns avec les autres, et sont composés chacun de cinq pièces, savoir : le calice, la corolle, les étamines, le disque formé de glandes, et les carpelles, qui sont parfaitement libres et distincts ; un de ces derniers a été coupé horizontalement pour montrer que les ovules sont attachés dans celui des angles de l'ovaire qui regarde l'axe de la fleur ; — dans le *Nigella arvensis*, *fig.* 357, les carpelles sont soudés inférieurement, mais le sommet des ovaires et les styles restent libres (ovaire pentacéphale, styles libres) ; — les carpelles de l'*Agrostemma Githago* , *fig.* 358 , sont soudés jusqu'au sommet des ovaires, et les seuls styles ne le sont pas (ovaire unique , styles libres) ; — dans le *Fritillaria Meleagris* , *fig.* 362 , la soudure s'est étendue jusqu'à la moitié des styles ou un peu plus ; — chez le *Scilla amœna* , *fig.* 363 , elle est parvenue jusqu'au sommet des styles. — Ce n'est pas seulement dans le sens de la longueur que , parcourant une série d'espèces , on voit la soudure s'étendre par degrés : s'opérant de la même façon dans le sens de la largeur, elle ne forme que des lobes dans le *Sida aurantiaca* , *fig.* 359 , et le *Fritillaria Meleagris* , *fig.* 362 (ovaire quinquélobé , trilobé) ; tandis qu'elle rend l'ovaire parfaitement entier chez l'*Agrostemma Githago* , *fig.* 358 , et l'*Arbutus densiflora*, *fig.* 360.

XCIII. Lorsque , dans un verticille de carpelles, tous ne se développent pas , ceux qui restent s'arrangent régulièrement entre eux aux dépens de la place qu'auraient occupée les autres; ainsi les deux carpelles du *Verbascum nigrum* , *fig.* 364, sont opposés ; dans un verticille carpellaire réduit à l'unité , le carpelle unique, celui, par exemple , du *Delphinium Consolida* , *fig.* 365 , devient central.

XCIV. Lors de sa maturité, le carpelle du *Sterculia platanifolia* , *fig.* 366, montre, en s'ouvrant, qu'il n'est autre chose qu'une feuille lancéolée ; — dans la fleur double du Merisier des jardins (*Prunus avium flore pleno*) , *fig.* 367, on trouve deux ou trois petites feuilles, qui , dentées sur les bords , comme celles de la tige , sont pliées par le milieu , sans être soudées , et dont la nervure moyenne , longuement prolongée , se termine par une glande ; ces feuilles en miniature, qui, chez des fleurs très-vigoureuses, remplacent le carpelle fermé des fleurs de la plante à l'état sauvage , nous montrent évidemment que ce carpelle est une feuille métamorphosée dont les bords se sont soudés et dont la nervure moyenne se prolonge , le plus généralement du moins (V. CXVI) , pour former le style.

XCV. Chez un grand nombre de plantes , telles que l'*Hy-*

pericum linoïdes, *fig.* 368, les carpelles soudés entre eux ne se ferment pas entièrement, et il n'existe que des cloisons incomplètes ; — dans d'autres espèces, le *Passiflora gratissima*, *fig.* 369, par exemple, les carpelles, entièrement étalés, ne sont plus soudés que bord à bord ; il n'existe qu'une loge et toute apparence de cloison disparaît.

XCVI. Le fruit mûr de l'*Asclepias nigra*, *fig.* 370, montre que le carpelle se compose non-seulement de la feuille carpellaire, mais encore d'un prolongement de l'axe ou cordon pistillaire qui seul donne naissance aux ovules ; — le fruit à plusieurs carpelles de l'*Argemone Mexicana*, *fig.* 371, nous fournit une preuve évidente de la même vérité, puisque, après la séparation des feuilles carpellaires, les semences restent fixées aux cordelettes ; ce fruit fait voir aussi que les cordons pistillaires, qui suivent une direction parfaitement droite quand les placentas sont centraux ou axiles, peuvent se courber et se diriger vers la circonférence pour produire des placentas pariétaux ; — ce changement de direction est évident chez le *Chelidonium majus*, *fig.* 372, où l'axe se divise en deux branches séminifères sur lesquelles on voit la limite de toute la feuille carpellaire, et qui se réunissent au sommet formant ainsi le style ; — même organisation dans le fruit des Crucifères, tel que celui du *Cardamine chenopodifolia*, *fig.* 373 ; le diaphragme ou fausse cloison est analogue, dans ce fruit, au tissu qui unit les deux bords du carpelle fermé ; — les *fig.* 371, 372, 373 montrent que, si les styles sont en général formés par le prolongement de la nervure moyenne de la feuille carpellaire, ils peuvent l'être aussi par le seul prolongement des cordons pistillaires.

XCVII. *Fig.* 374, ovaire comprimé latéralement du *Conium moschatum* ; — *fig.* 375, ovaire comprimé par le dos du *Ferula Tolucensis*.

XCVIII. Dans l'*Elisea Brasiliensis*, ASH., dont la *fig.* 376 nous offre la coupe horizontale, les bords de la feuille carpellaire unique, rentrant fortement en dedans, s'avancent presque jusqu'à la nervure moyenne pour se recourber de nouveau vers le côté opposé ; — si l'on suppose que ce carpelle soit répété trois fois, on aura à peu près l'ovaire du *Cucurbita Pepo*, dont la *fig.* 377 montre la coupe : de tout ceci il faut conclure que les Cucurbitacées n'ont ni des placentas pariétaux ni des placentas suspendus au sommet d'une loge unique (1), mais bien réellement trois loges et des placentas axiles prolongés vers la circonférence du fruit.

XCIX. *Fig.* 378, un carpelle détaché artificiellement de l'ovaire tricarpellé du *Lavradia elegantissima*, qui, uniloculaire à sa partie supérieure, est, inférieurement, triloculaire ; cette singularité est due à ce que chaque feuille carpellaire a trois lobes, et que les latéraux inférieurs se soudent par leurs bords, tandis que l'intermédiaire supérieur, moins large qu'eux, reste entièrement déployé ; trois feuilles trilobées d'*Anemone Hepatica*, *fig.* 379, dont les lobes latéraux se seraient soudés et dont on composerait un seul ensemble, nous offriraient l'analogue de l'ovaire du *Lavradia elegantissima*.

C. *Fig.* 380, coupe horizontale du fruit bicarpellé du *Datura Stramonium*, *a a*, cloison vraie formée par les bords rentrants des deux feuilles carpellaires, bords qui, après avoir été soudés, se séparent pour se recourber à leur extrémité chargée des placentas ; *b b* processus de la côte moyenne des feuilles carpellaires, s'avançant jusqu'à la cloison vraie pour

(1) Si j'ai été conduit à soutenir cette opinion dans mon Mémoire sur les *Cucurbitacées* et les *Passiflorées* (*Mémoire du Muséum*, vol. v), c'est que j'avais commencé l'examen des plantes de la famille par les petites espèces où les véritables cloisons disparaissent, en tout ou en partie, au milieu d'une pulpe aqueuse, et où l'on aperçoit seulement cette portion des feuilles carpellaires qui s'avance de l'axe vers la circonférence, formant ainsi de fausses cloisons incomplètes. De ceci il résulte que les botanistes doivent rejeter la partie théorique de mon Mémoire, mais ils peuvent admettre les faits qui sont décrits avec soin et exactitude.

3

se souder non-seulement avec elle , mais encore avec les portions rentrantes et séminifères des feuilles carpellaires , qui alors semblent émaner d'eux.

CI. *Fig*. 381, coupe longitudinale du *Gomphia nana*, montrant les portions d'ovaire , les ovules et le style attachés sur un réceptacle déprimé ou gynobase.

CII. Placenta central du *Samolus Valerandi*, *fig*. 382 ; du *Lychnis dioica*, *fig*. 383 ; du *Portulacca pilosa*, 384 ; du *Cuphea viscosissima*, *fig*. 385 : tous ont , avant l'émission du pollen , une communication avec l'intérieur du style , mais ensuite ils deviennent libres par la rupture du filet ou des filets qui les terminent et qui pénétraient dans le style.

CIII. *Fig*. 386 , style basilaire de l'*Alchemilla vulgaris*.

CIV. *Fig*. 387, stigmate complet terminal du *Mirabilis Jalopa*; *fig*. 388 , stigmates superficiels terminaux du *Lamium Garganicum* , *a*, la seule surface stigmatique ; *fig*. 389 , stigmate superficiel latéral de l'*Anemone Hepatica* ; — comme un style est l'extrémité d'une feuille carpellaire , et que chaque loge d'un ovaire pluriloculaire est formée par une feuille, il doit y avoir un nombre égal de feuilles, de loges et de styles , mais ces derniers , par exemple , ceux de l'*Euphorbia segetalis* , *fig*. 390 , peuvent se diviser, et alors chaque branche porte un stigmate ; si nous replions sur lui-même le pétale, bifurqué au sommet du *Guazuma* , *fig*. 391, nous aurions l'image de ce qui a lieu dans l'*Euphorbia segetalis* ; — l'espèce de bouclier qui termine l'ovaire du *Papaver orientale* , *fig*. 392 , est un style, les rayons de glandes qui se trouvent sur la surface de ce style sont seuls stigmatiques , et comme ces rayons terminent les placentas et qu'ils sont indépendants des feuilles carpellaires , il est bien clair qu'ici, comme dans les Crucifères , le style et les stigmates appartiennent au système axile et non au système appendiculaire ; — chaque style de l'*Iris Susiana* , *fig*. 393 , est formé par une sorte de pétale trifide dont les bords se soudent et dont la division intermédiaire , beaucoup plus courte que les autres, se trouve en dehors ; la face *a* de cette division est seule stigmatique.

CV. *Fig.* 394, placenta du bouton très-jeune du *Cucumis Anguria* chargé des ovules naissants ; —*fig.* 395, ovule orthotrope du *Tradescantia Virginiana* chez lequel la primine ou tégument extérieur *b*, la secondine ou tégument intérieur *c* et le nucelle *d* pourraient être traversés par un axe rectiligne, *a* le hile ou point d'attache de l'ovule, *e* ouverture de la primine ou exostome, *f* ouverture de la secondine ou endostome ; — *fig.* 396, ovule campulitrope ou couché sur lui-même du *Cheiranthus Cheiri*, *b* primine, *d* nucelle ; — *fig.* 397, ovule anatrope de l'*Aristolochia Clematitis* chez lequel le cordon ombilical *a* est soudé avec la primine *b*, en *e* l'exostome et l'endostome très-rapprochés, par suite des accroissements successifs ; — *fig.* 398, coupe longitudinale de l'ovule orthotrope déjà assez avancé, du *Myrica Pensylvanica*, *a* cordon ombilical, *b* primine et secondine confondues ensemble, *c* sac embryonnaire, *d* embryon naissant.

CVI. Ovule dressé dans l'*Urtica urens*, *fig.* 399 ; ascendant chez le *Cardiospermum anomalum*, *fig.* 401 ; suspendu dans le *Krameria grandiflora*, *fig.* 402 ; inverse dans le *Viburnum Tinus*, *fig.* 403 ; péritrope dans le *Caryocar Brasiliense*, *fig.* 404; — si l'on compare l'ovule récliné du *Plumbago Zeylanica*, *fig.* 400, avec l'ovule dressé de l'*Urtica urens*, *fig.* 399, on verra qu'il lui est analogue, avec cette différence qu'au lieu d'être sessile ou à peu près sessile, il est soutenu par un long funicule qui part du fond de la loge ; — *fig.* 405, deux ovules, l'un descendant, l'autre suspendu, dans une des loges de l'ovaire de l'*Almeida lilacina*.

CVII. L'ovaire uniloculaire irrégulier est toujours formé d'une seule feuille carpellaire, comme le *Pisum sativum*, *fig.* 406, en fournit un exemple ; — l'ovaire uniloculaire régulier doit nécessairement être composé de plusieurs feuilles, ainsi que le prouve le *Chenopodium murale*, *fig.* 407, et le nombre des styles, s'ils ne sont pas entièrement soudés, indique celui des feuilles; — l'ovaire uniloculaire, irrégulier et par conséquent unicarpellé, ne saurait avoir qu'un style organique, par exemple, celui du *Ficus Carica*, *fig.* 408; mais, comme tout organe appendiculaire ou toutes les parties terminales d'un organe appendiculaire, ce style peut se diviser, ainsi que cela arrive souvent dans la plante qui vient d'être citée, le *Ficus Carica*, *fig.* 409.

CVIII. Un ovaire uniloculaire, régulier, à deux feuilles, deux styles et deux cordons pistillaires, contient nécessairement plusieurs ovules pariétaux attachés aux cordons qui sont opposés; dans le fruit du *Fumaria Vaillantii*, bicarpellé et à deux cordons, on ne trouve, à la vérité, qu'une semence, mais chez l'ovaire jeune, *fig.* 410, il existe quatre ovules pariétaux, dont trois avortent très-promptement; — dans un ovaire bicarpellé et à deux styles, il peut y avoir, comme chez l'*Ulmus campestris*, *fig.* 411, un ovule unique, quand le cordon pistillaire est également unique, quoiqu'au sommet il puisse se diviser en deux branches.

CIX. *Fig.* 406′, tubes polliniques pénétrant dans le tissu du stigmate de l'*Antirrhinum majus*.

CX. *Fig.* 407′, deux verticilles, les étamines et la corolle, soudés ensemble chez le *Vinca major* (étamines insérées sur la corolle); —*fig.* 408′, quatre verticilles, le calice, les pétales, les étamines et le disque soudés ensemble chez l'*Amygdalus Persica* (pétales, étamines et disque périgynes, ovaire libre); —*fig.* 410′, tous les verticilles floraux, au nombre de quatre, le calice, la corolle, les étamines et l'ovaire, soudés dans le *Viburnum Tinus* (calice adhérent, corolle et étamines périgynes); —*fig.* 409′, tous les verticilles floraux, au nombre de cinq, le calice, la corolle, les étamines, le disque et l'ovaire, soudés ensemble dans le *Gaylussacia Pseudovaccinium*, où, en outre, le disque reste adhérent au sommet de l'ovaire, après que les autres verticilles sont devenus libres

(calice adhérent , corolle et étamines périgynes , disque épi-
gyne); —*fig.* 411', coupe longitudinale de la fleur du *Combretum
Bugi* , dans laquelle les pétales et les étamines sont périgynes
et où le calice adhérent se rétrécit au-dessus de l'ovaire ; —
fig. 412, calice du *Taraxacum officinale*, offrant un rétrécissement extrêmement long , au-dessous de son limbe réduit à
des nervures ramifiées qui sont dépourvues de parenchyme
(aigrette plumeuse stipitée).

CXI. Fruit simple et, par conséquent, asymétrique par diminution, dans le *Cytisus Austriacus*, *fig.* 413 ; composé, asymétrique par diminution dans l'*Euphorbia helioscopia* , *fig.* 414 ;
multiple , asymétrique par augmentation dans le *Ranunculus
acris* , *fig.* 415.

CXII. *Fig.* 416, fruit du *Delphinium Ajacis*, s'ouvrant par
la suture ventrale; — *fig.* 417, fruits du *Magnolia grandiflora*,
chez lesquels la déhiscence s'opère dans le milieu de la suture
dorsale; — *fig.* 418 , légume du *Cytisus Austriacus* où la déhiscence se fait à la fois par les deux sutures.

CXIII. *Fig.* 419, capsule du *Colchicum autumnale* offrant un
exemple de la déhiscence septicide, celle qui s'opère par le milieu
des cloisons et sépare les carpelles ; —*fig.* 420, capsule du *Lilium
Martagon*, chez laquelle la déhiscence est loculicide, c'est-à-dire
que, s'opérant dans le milieu des sutures dorsales, elle laisse
les cloisons intactes , et que chaque valve se trouve ainsi composée de deux moitiés de feuilles ; — *fig.* 421 , capsule uniloculaire du *Swertia perennis*, dont la déhiscence, s'opérant par
le milieu des placentas pariétaux , rend à chaque carpelle ce
qui lui appartient , et est , par conséquent , l'analogue
de la loculicide ; — *fig.* 422, capsule du *Viola Rothomagen-
sis* , dont les valves portent les placentas dans leur milieu , et
dont la déhiscence est l'analogue de la loculicide , puisque ces
mêmes valves se sont formées par la séparation des nervures
moyennes des trois feuilles , et que chacune d'elles est composée de deux moitiés de feuilles ; — *fig.* 423 , capsule de l'*Ana-*

gallis arvensis, s'ouvrant transversalement ; — *fig.* 424, capsule du *Saxifraga umbrosa*, dont les deux carpelles, soudés inférieurement, forment au sommet deux têtes libres qui, s'étalant lors de la déhiscence, confondent en un seul trou leurs ouvertures ventrales ; — *fig.* 425, capsule de *l'Antirrhinum majus*, chez laquelle la déhiscence s'opère par trois trous à peu près terminaux.

CXIV. *Fig.* 426, cône du *Pinus maritima*, fruit agrégé composé d'un grand nombre de fruits organiques : les écailles de ce cône ont été numérotées pour qu'on pût étudier leur disposition géométrique ; les lignes vertes indiquent les spirales par 13, les lignes jaunes celles par 8, les rouges les séries d'écailles qui se correspondent en lignes à peu près droites.

CXV. *Fig.* 427, coupe verticale de la capsule du *Ricinus inermis*, montrant la graine suspendue chargée d'une caroncule ; — *fig.* 428, la même graine détachée et vue du côté du dos, offrant en *a* son micropyle dont la caroncule n'était originairement que le bord épaissi et que des accroissements inégaux ont rendu dorsal.

CXVI. *Fig.* 429, graine comprimée du *Cytisus Austriacus*, ayant le hile *a* dans son bord ; — *fig.* 430, graine déprimée du *Plantago Chilensis*, dont le hile *a* se trouve sur la face.

CXVII. L'embryon est loin d'atteindre toujours le même degré de développement ; celui du *Cuscuta Europæa*, *fig.* 431, ne présente qu'un axe sans appendices ; celui d'un grand nombre de plantes, par exemple, du *Cocos nucifera*, *fig.* 432, n'a qu'un cotylédon qui enveloppe la gemmule ; les Graminées, par exemple, le *Triticum sativum*, *fig.* 434, offrent, avec un grand cotylédon *a*, le rudiment d'un second *d* (l'épiblaste) ; chez une foule d'autres végétaux, tels que le *Melochia graminifolia*, *fig.* 435, on trouve deux cotylédons *a* égaux, libres et parfaitement distincts de la radicule *b* ; — le cotylédon fermé et engaînant des monocotylédones était originairement libre, et, avec quelque attention, on retrouve chez l'embryon, même mûr, des traces de la séparation primitive comme dans le *Pothos maximus*, *fig.* 433 ; le cotylédon reste toujours étalé dans la plupart des Graminées, ex. le *Triticum sativum*, *fig.* 434, *a* le cotylédon, *b* le radicule, *c* la gemmule dont la première feuille est parfaitement close, *d* rudiment d'un second cotylédon (épiblaste).

CXVIII. *Fig.* 436, coupe longitudinale de la graine du *Melochia graminifolia,* *b* le tégument, *c* le périsperme, *d* l'embryon droit dont la radicule est tournée vers le hile *a* (embryon orthotrope) ; — *fig.* 437, graine de l'*Urtica dioica* où l'embryon droit a ses cotylédons dirigés vers le hile *a*, et sa radicule *b* tournée du côté opposé (embryon antitrope); — *fig.* 438, graine du *Chenopodium album*, chez laquelle l'embryon et les cotylédons aboutissent au hile *a* ; — *fig.* 439, graine du *Glaux maritima*, dont l'embryon, parallèle au hile *a*, n'a ni l'une ni l'autre extrémité tournée vers ce dernier (embryon hétérotrope, transversal) ; — *fig.* 440, fruit du *Triticum sativum*, offrant un embryon dont ni l'une ni l'autre extrémité n'aboutit au hile sans que pourtant il soit transversal, *a* direction du hile, *b* périsperme, *c* embryon (embryon hétérotrope, non transversal).

IMPRIMERIE BOUCHARD-HUZARD
7, rue de l'Éperon.

Pl. 1.

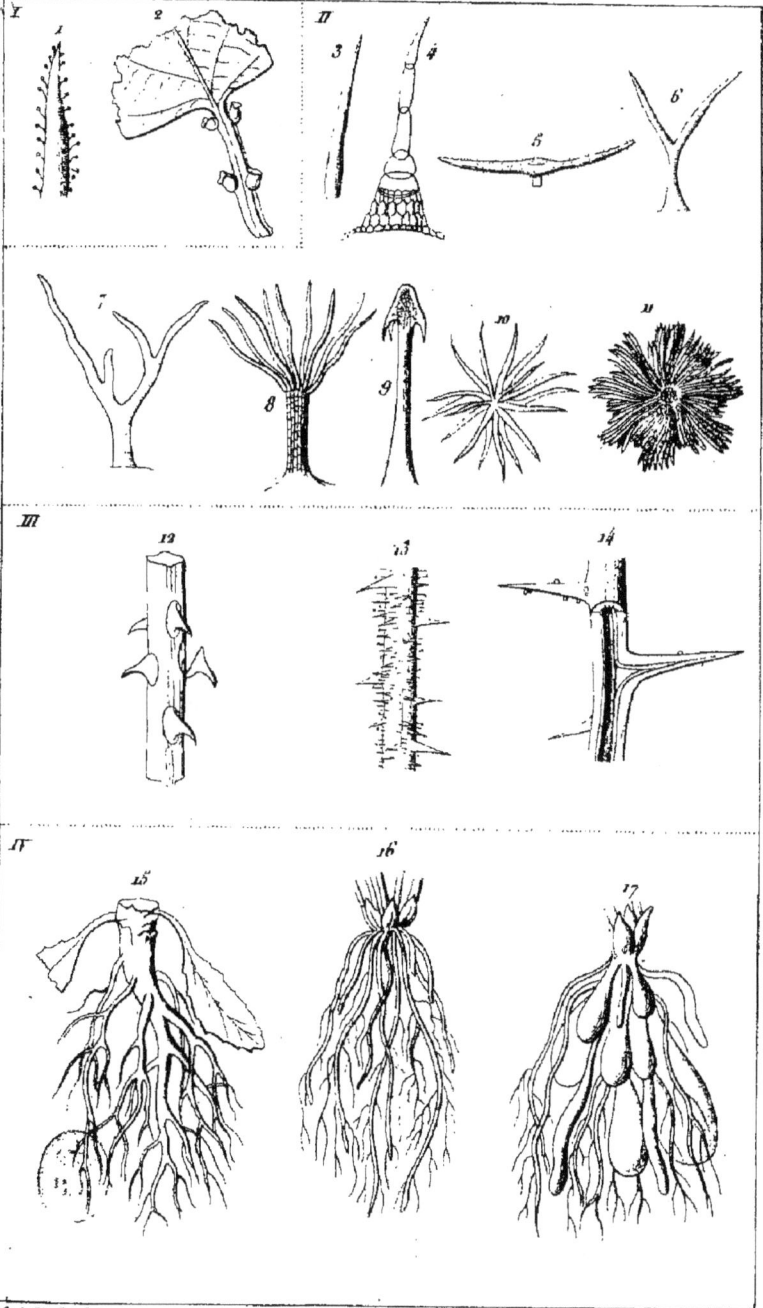

S. A. Node del.   J. Loss, Éditeur.   Corbié sc.

Glandes. Poils. Aiguillons. Racines.

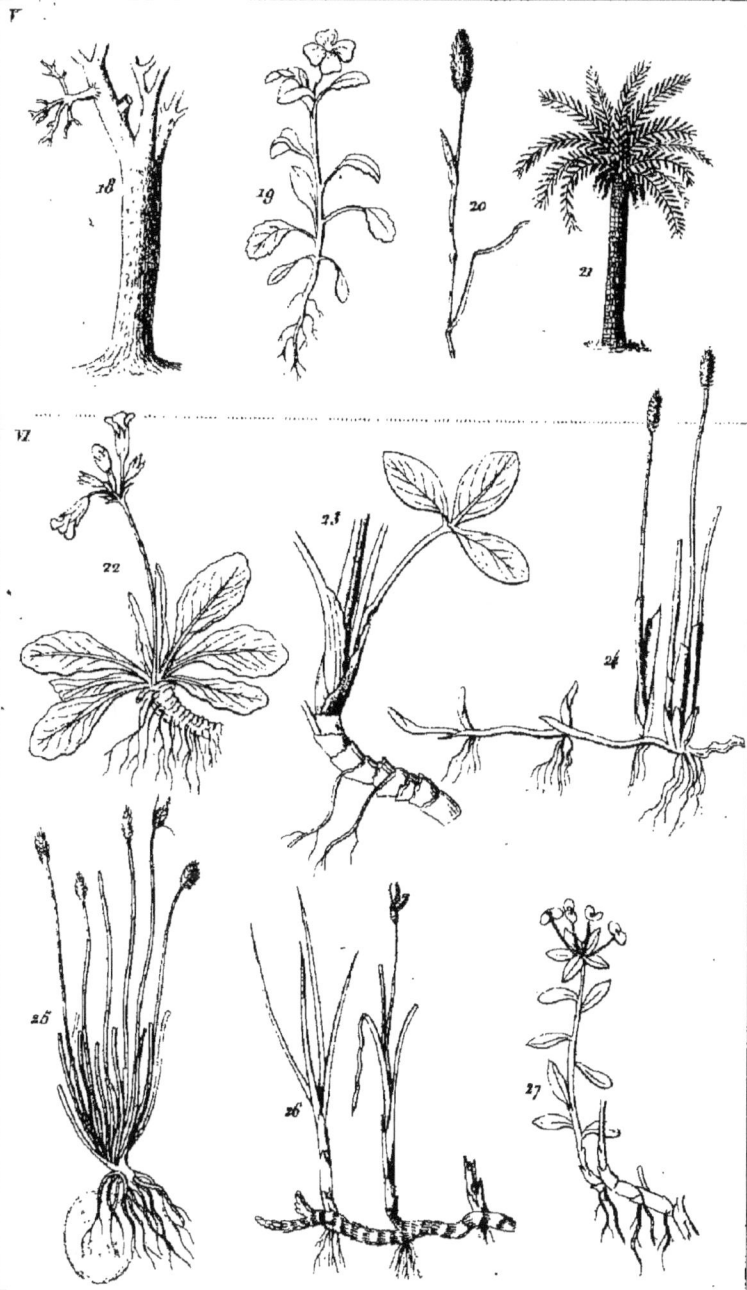

S.A. Node del.   J. Loss Éditeur.   Corbié sc.

Tiges.

Folliau imp.

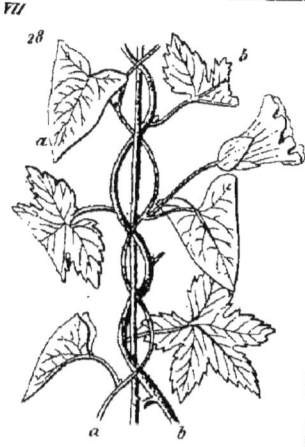

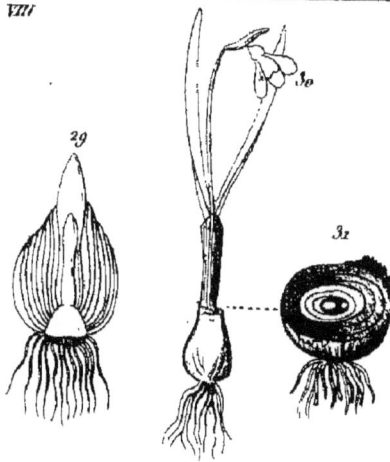

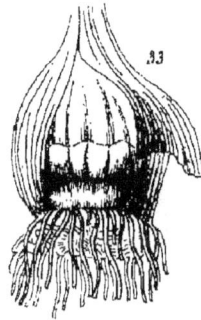

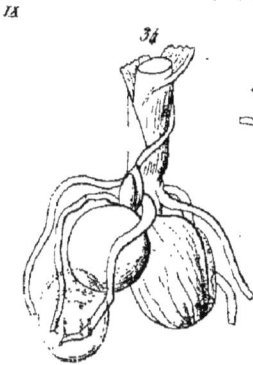

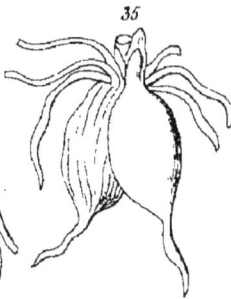

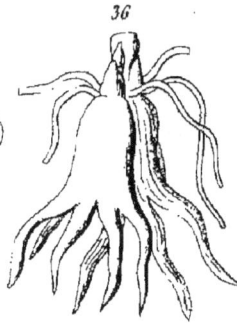

VII

VIII

IX

J. A. Node. del.   J. Loss Editeur.   Corbié. sc.

Tiges. Bulbes. Tubercules.

Filliau imp.

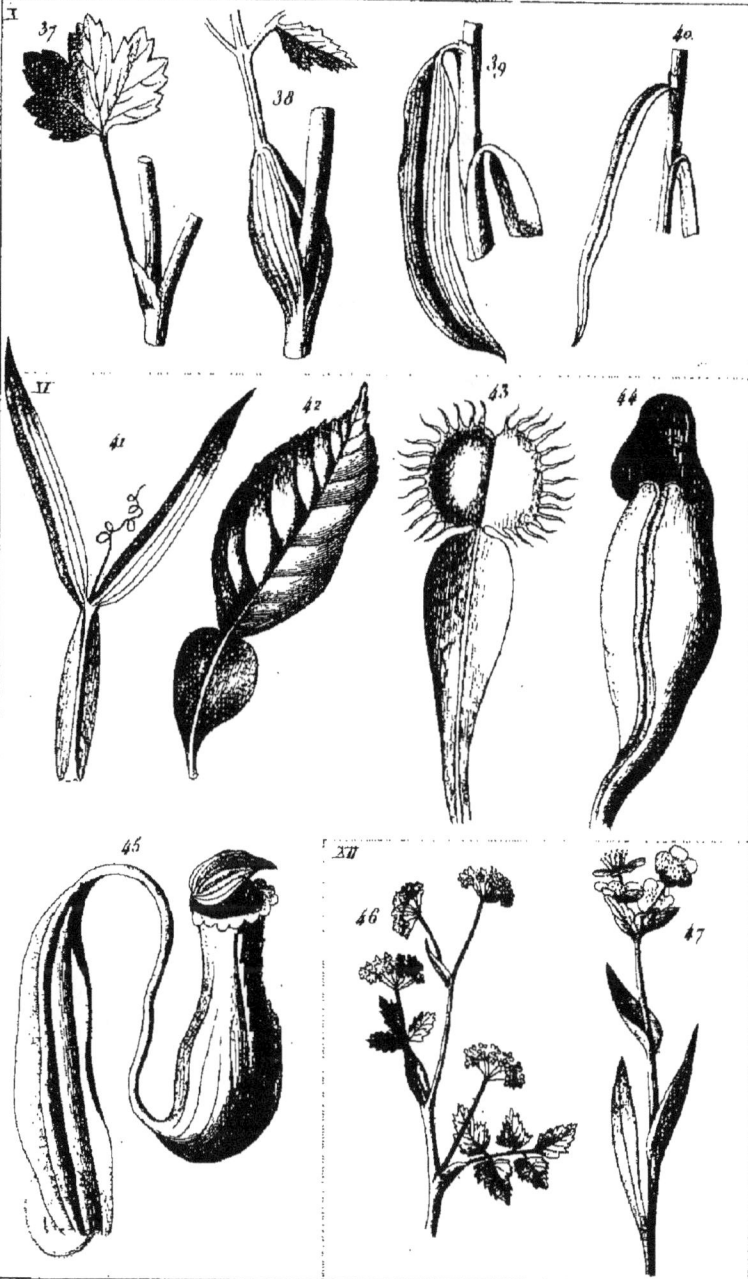

S. A. Bode del.

J. Loss Editeur.

Corbie sc.

Feuilles.

Fottou imp.

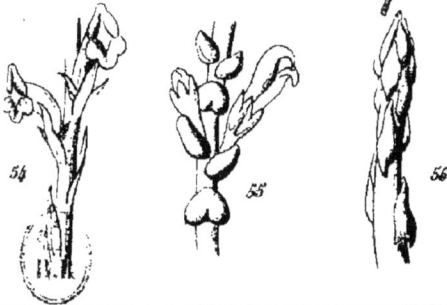

S. A. Node del.   J. Lons Editeur   Corbié sc.

Feuilles.

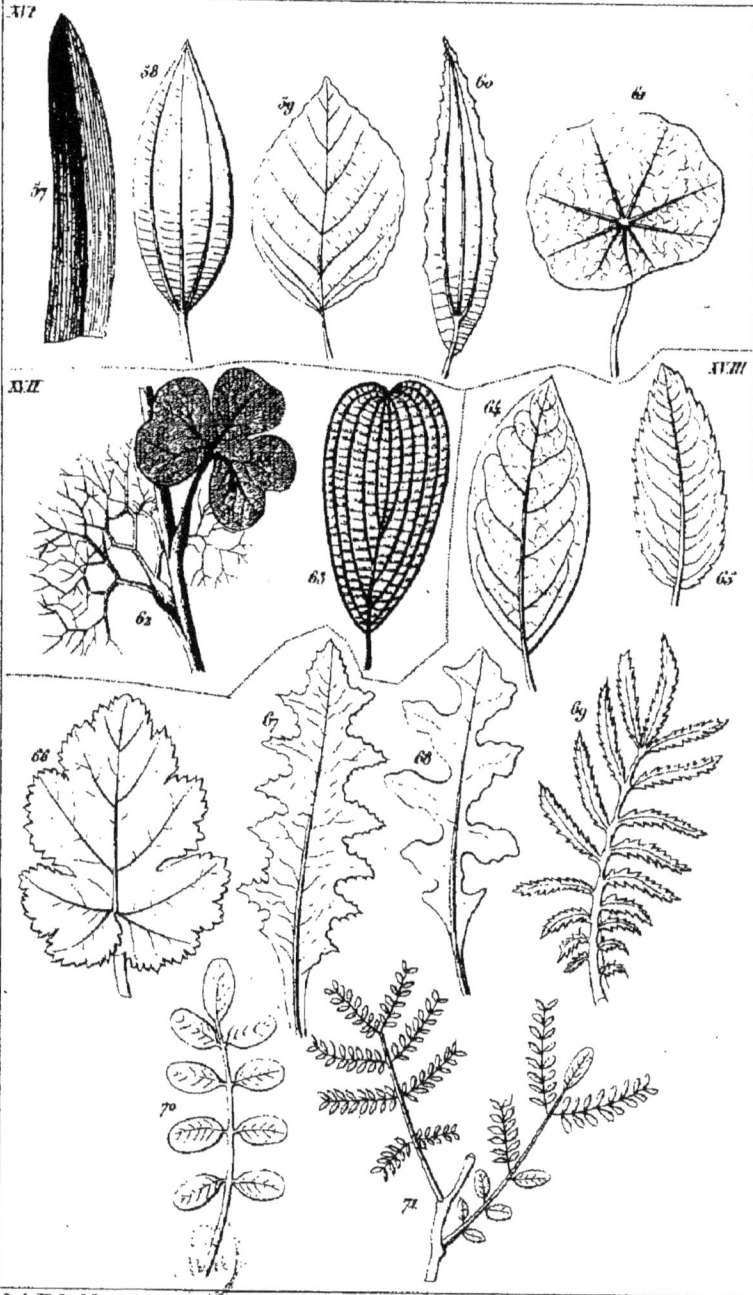

Feuilles

S.A. Node del.   J. Loss Editeur   Breton sc.

Pl. 7.

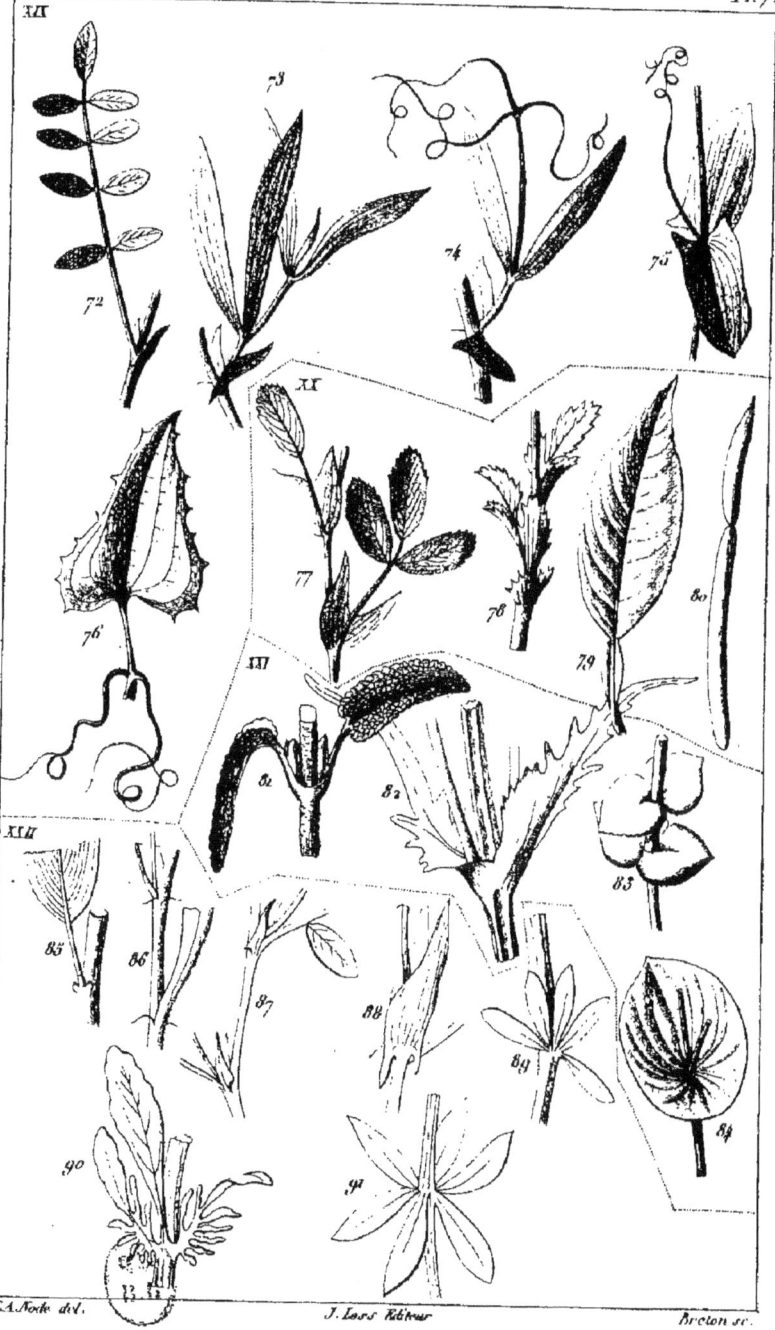

S.A. Node del.

J. Loss Éditeur

Breton sc.

Feuilles. Stipules.

Pelliau imp.

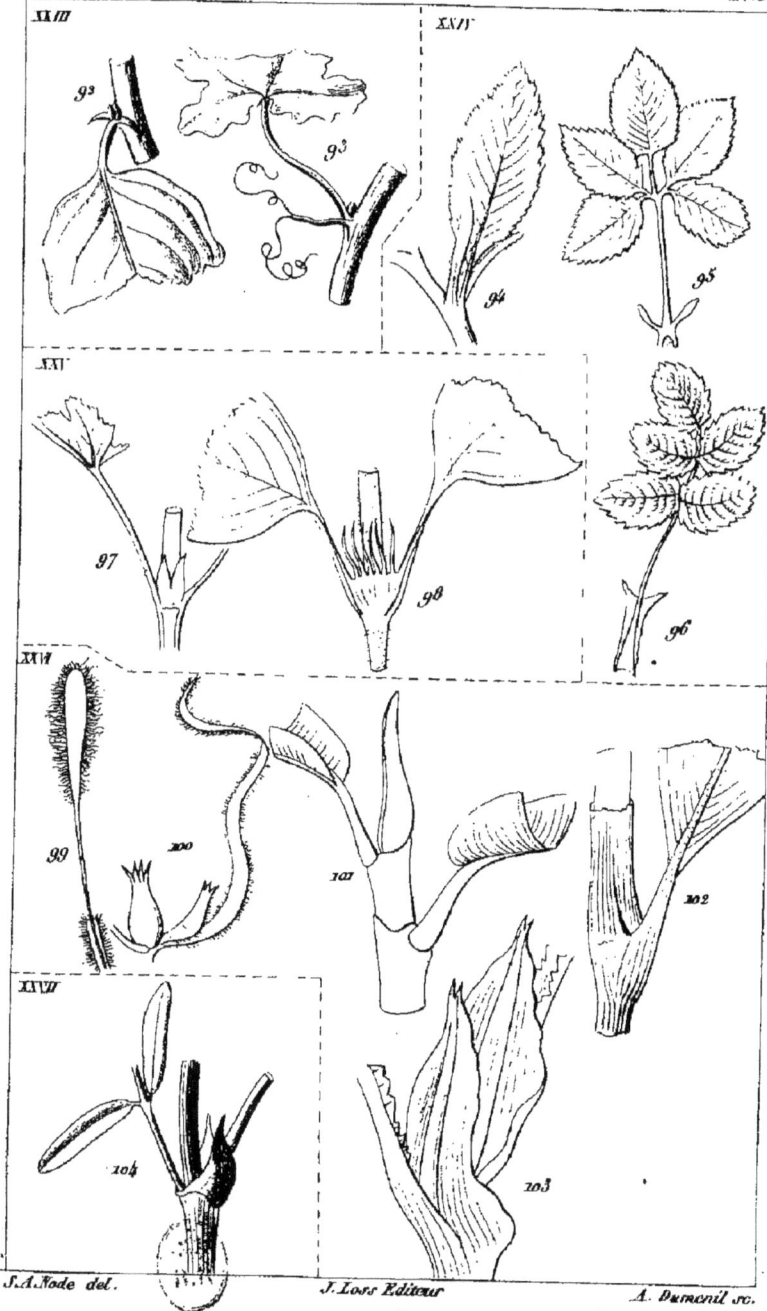

XXIII

93

93

XXIV

94

95

XXV

97

98

96

XXVI

99

100

101

102

XXVII

104

103

S. A. Node del.

J. Loss Editeur

A. Dumenil sc.

Stipules

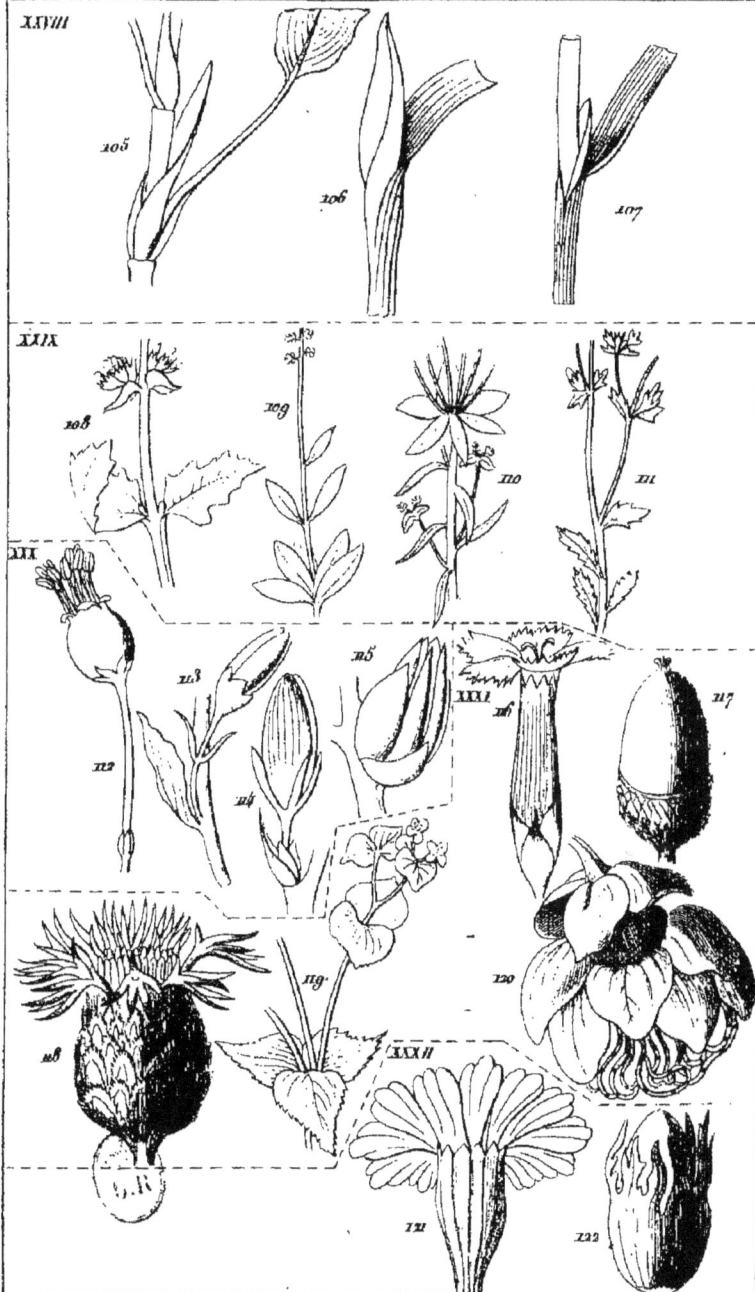

Stipules. Bractées.

S. A. Node del. J. Loss Editeur A. Duménil sc.

Folioru. imp.

XXXIII

XXXIV

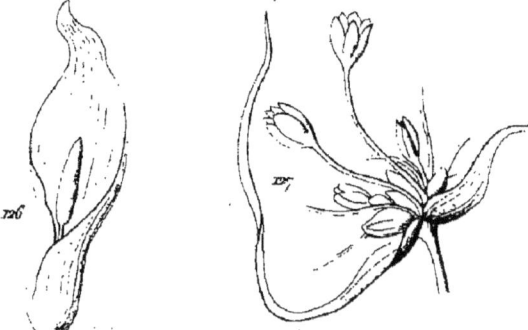

XXXV

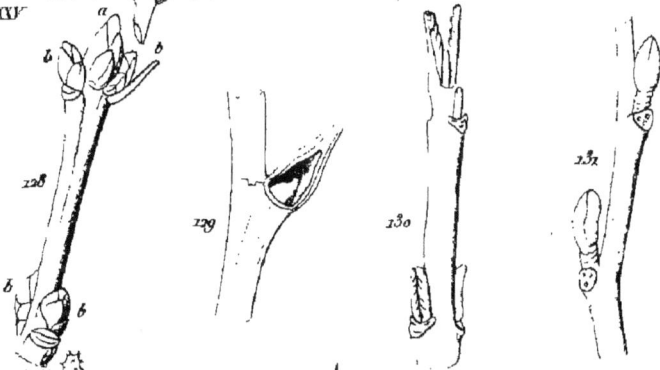

XXXVI

S. A. Jode. del.

J. Loss Éditeur.

Corbié sc.

Bractées. Bourgeons. Rameaux.

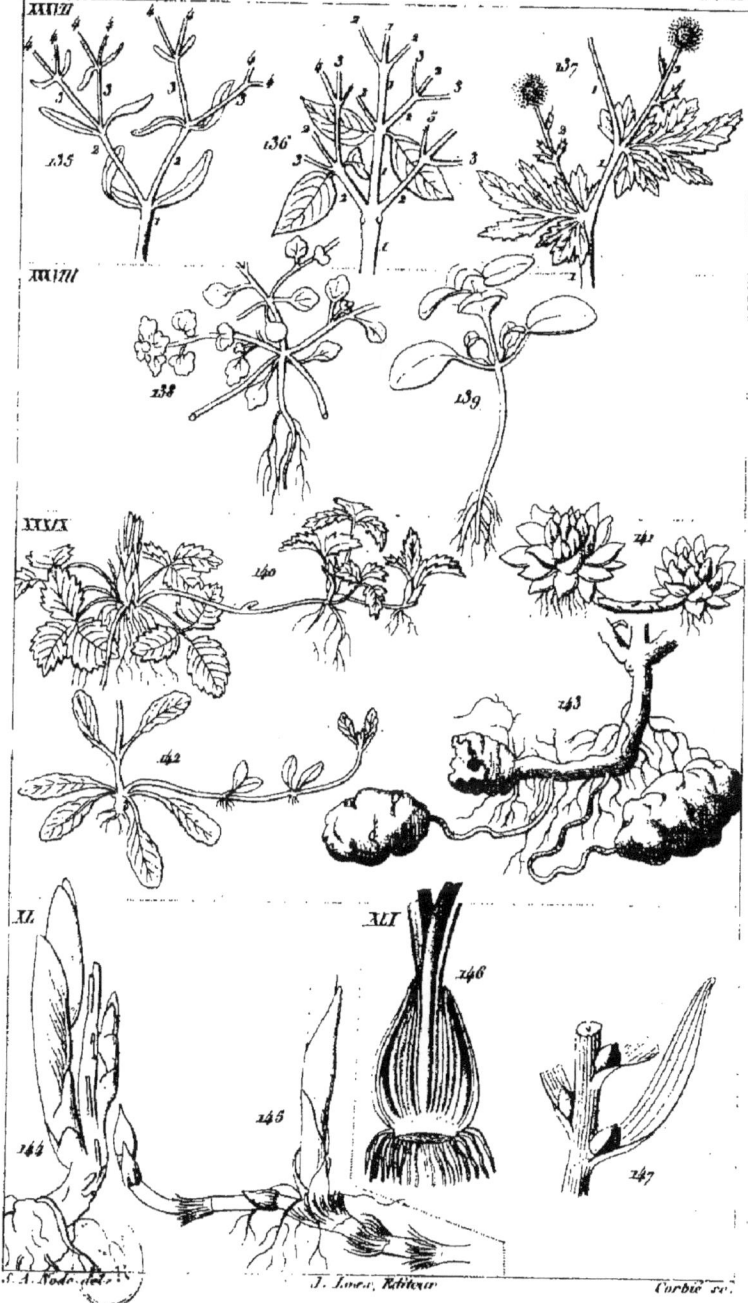

Rameaux.

S. A. Node. del.   J. Lucas, Éditeur.   Corbie sc.

Pollian imp

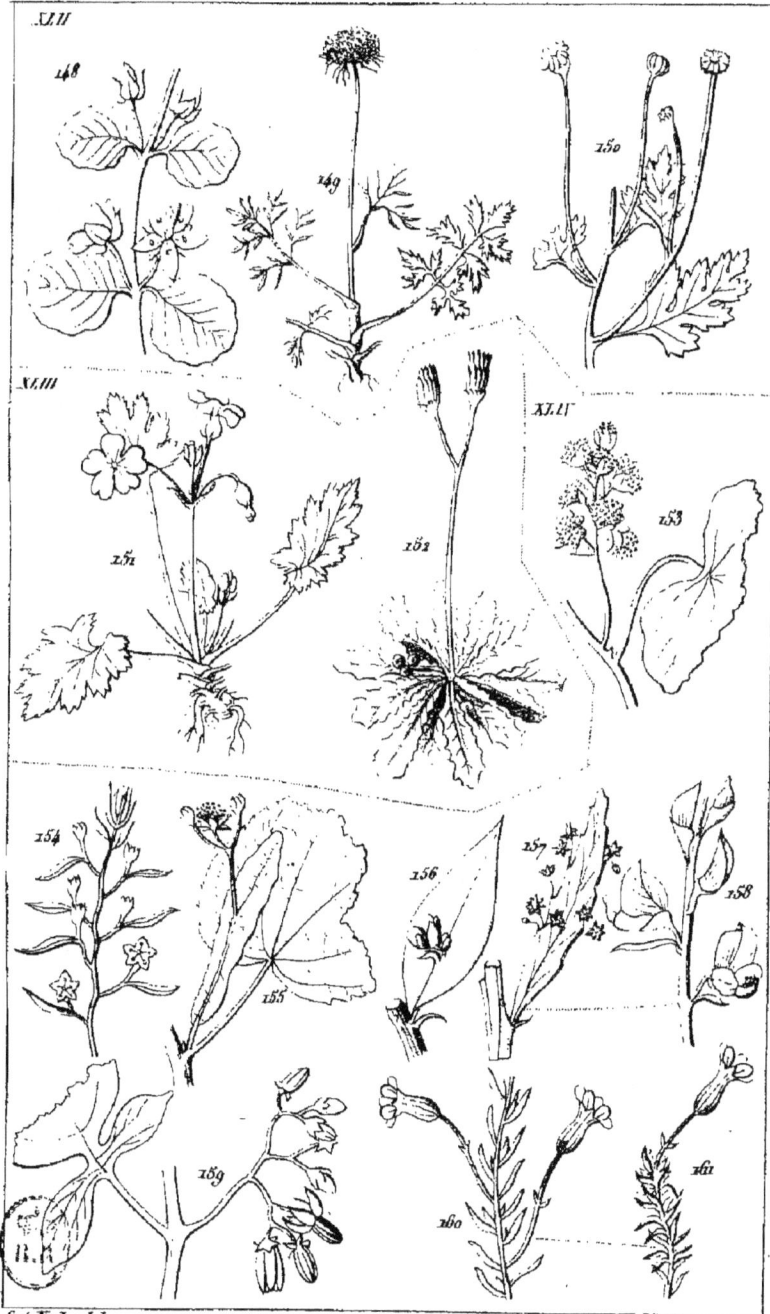

XLII

148

149

150

XLIII

151   152   XLIV

153

154   156   157

155   158

159   160   161

S. A. Node del.   J. Laxs Éditeur   Breton sc.

Pédoncules.

XLV

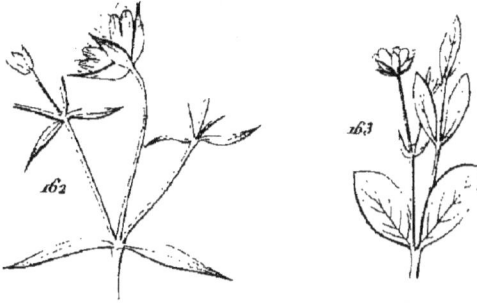

162

163

XLVI

164

165

166

167

XLVII

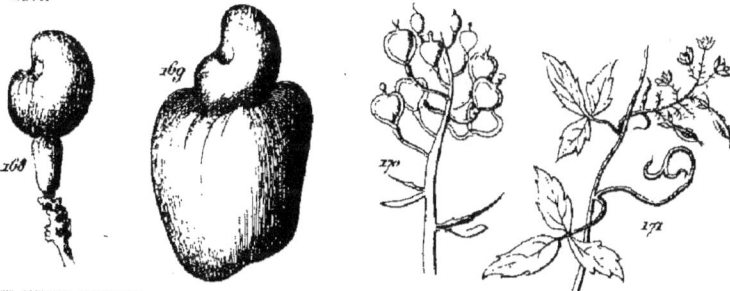

168

169

170

171

XLVIII

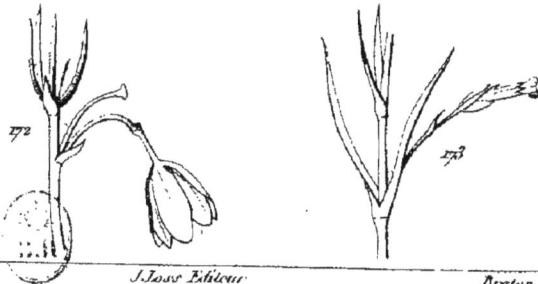

172

173

S. A. Node del.   J. Joss Editeur   Breton sc.

Pédoncules.

Fsthan imp.

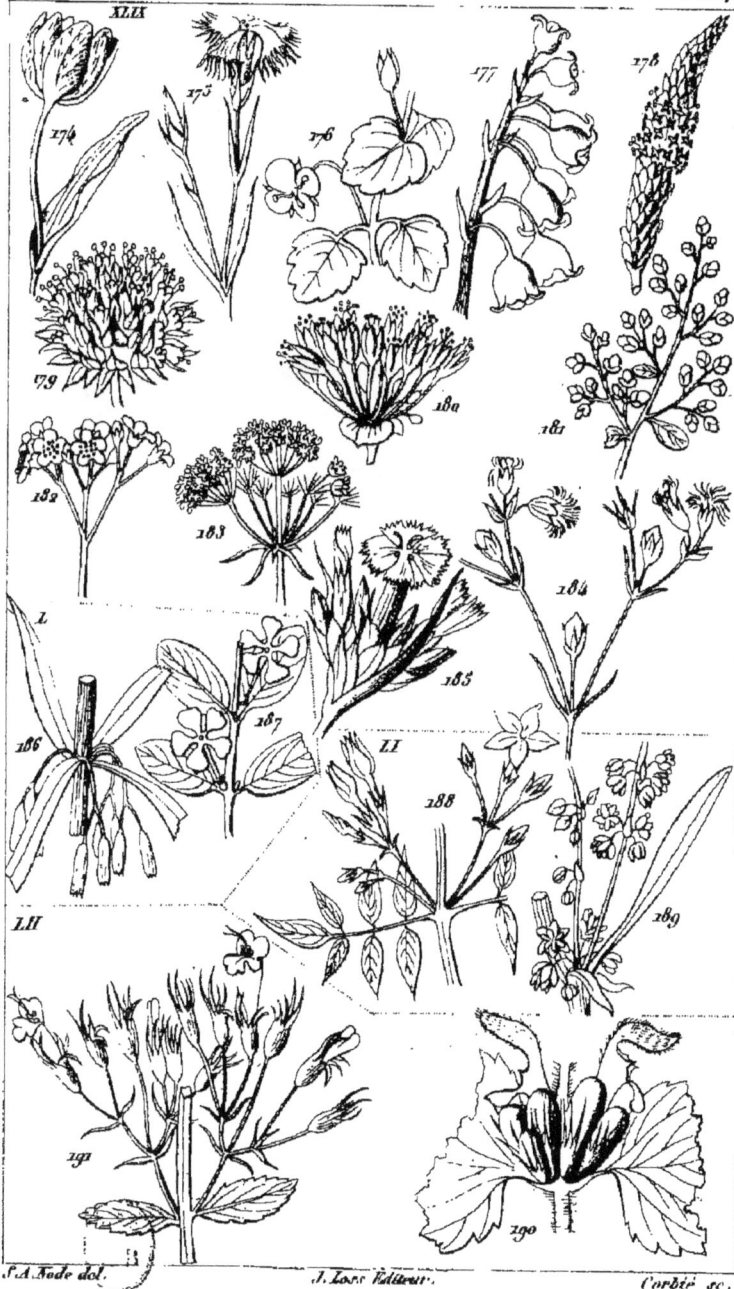

XLIX

174 175 176 177 178

179 180 181

182 183

L 184

186 187 185

LII 188

LII 189

191 190

S. A. Node del. J. Lois Éditeur. Corbié sc.

Inflorescence.

Follion imp.

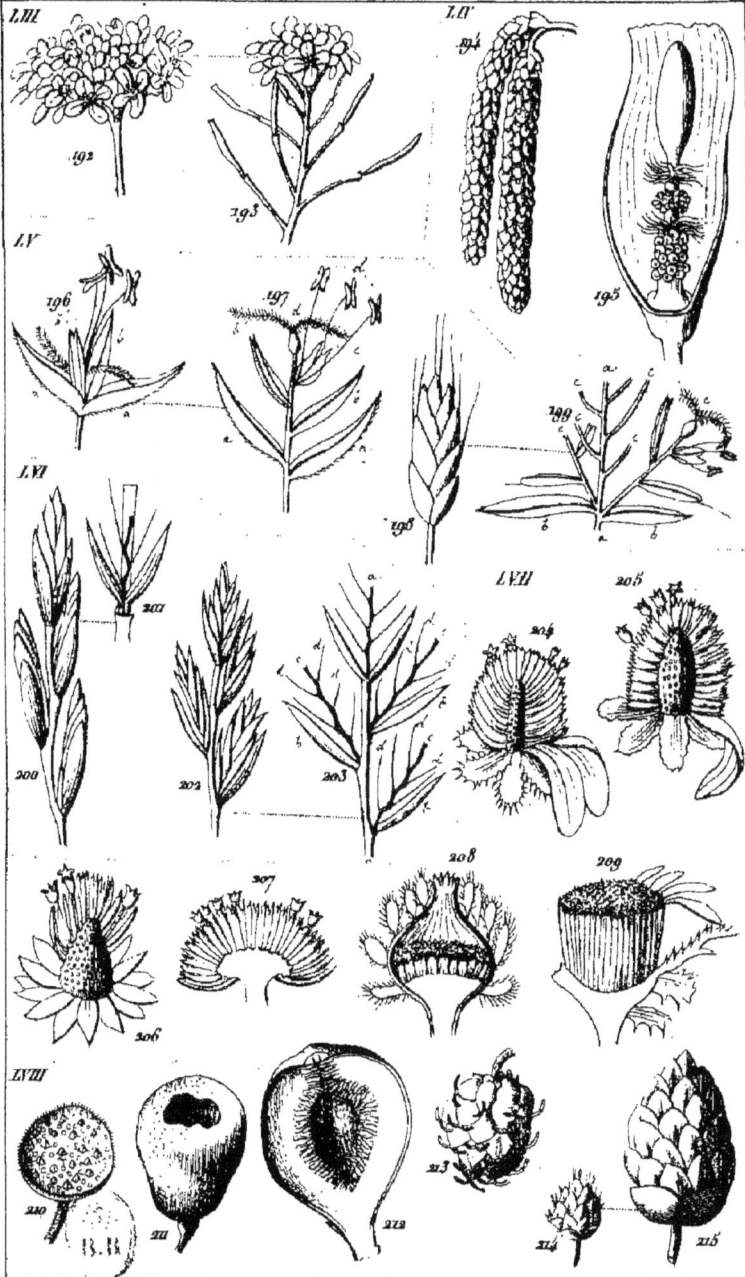

Inflorescence.

Follion imp.

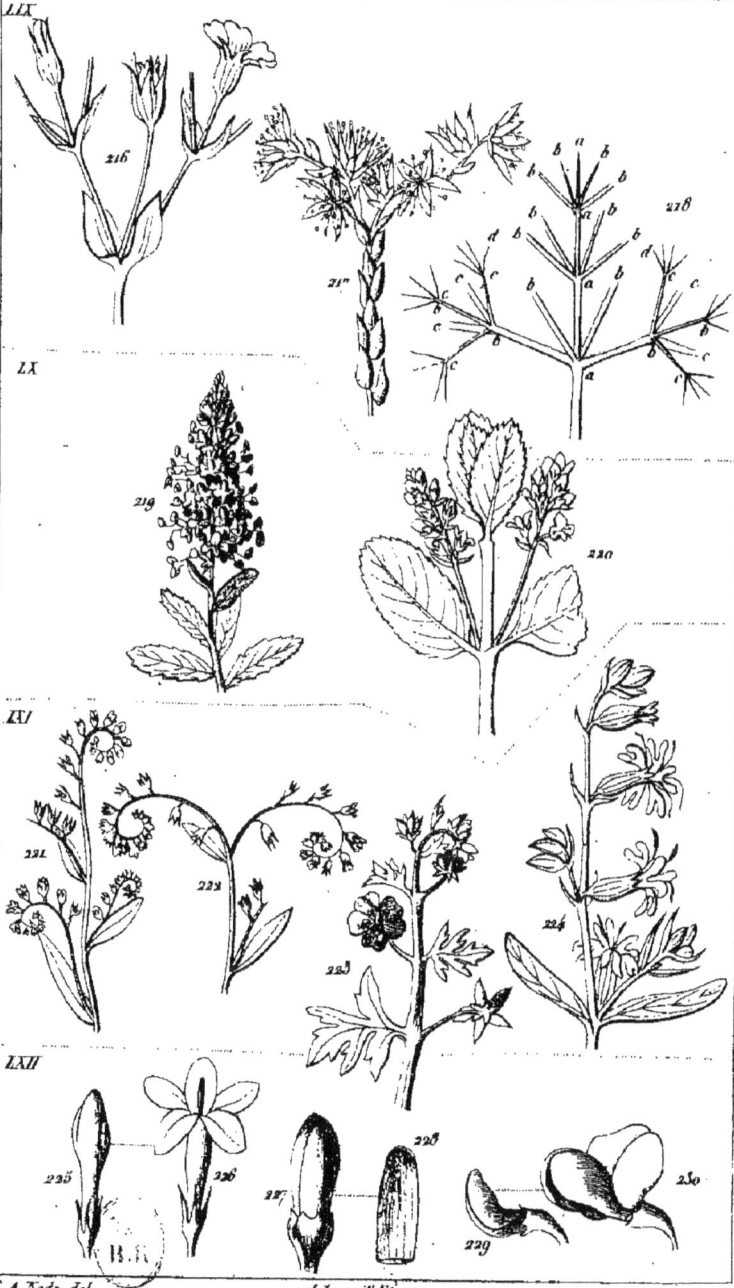

LIX

216

217

218

LX

219

220

LXI

221

222

223

224

LXII

225 226 227 228 229 230

S. A. Node del.

J. Lois, Éditeur.

Breton sc.

Folliau imp.

Inflorescence.

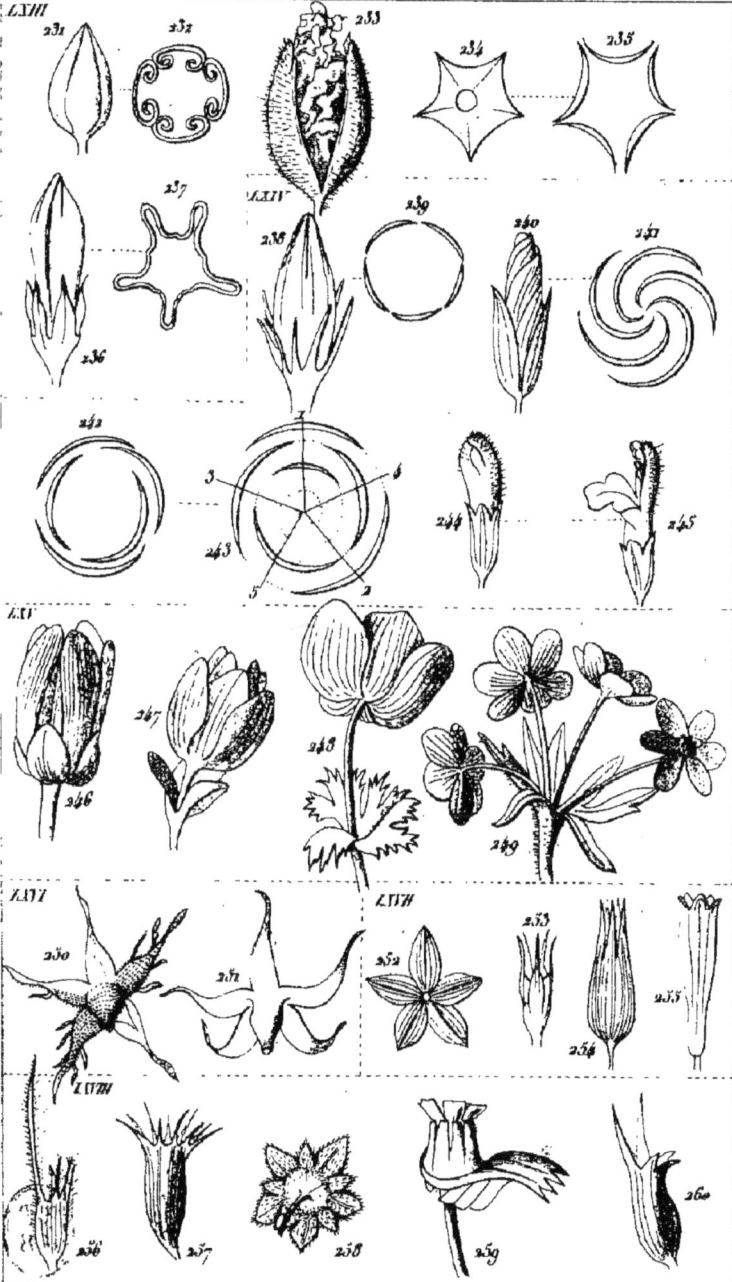

Boutons. Calices.

S. A. Node del.　　　　J. Loss, Editeur.　　　　Corbié sc.

Folliau imp.

LXIX

261   262   263   264   265

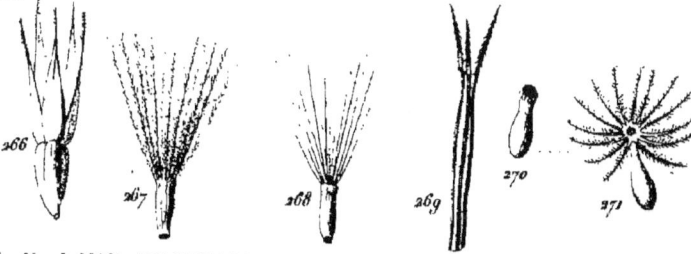

LXX

266   267   268   269   270   271

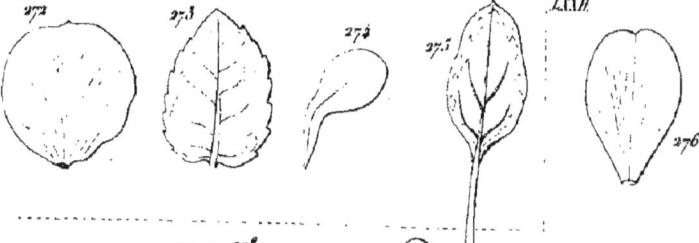

LXXI   LXXII

272   273   274   275   276

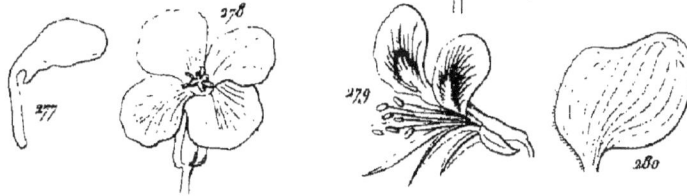

277   278   279   280

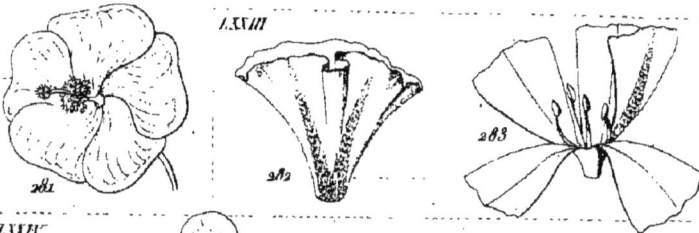

LXXIII

281   282   283

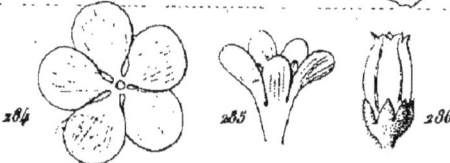

LXXIV

284   285   286

S. A. Node del.   J. Lœss Editeur.   Corbié sc.

Calices. Corolles.

Folliau imp.

LXXV

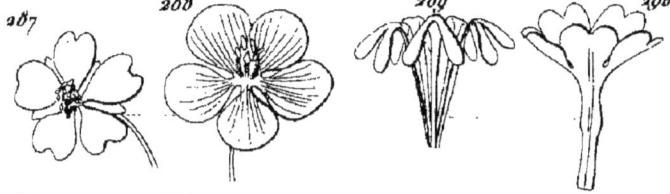

287 288 289 290

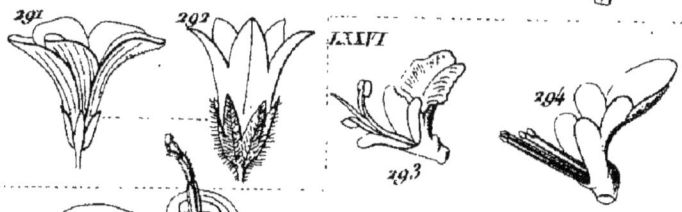

291 292 LXXVI 293 294

295 296

LXXVII

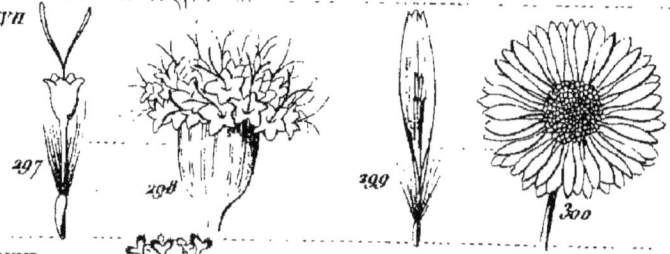

297 298 299 300

LXXVIII 303

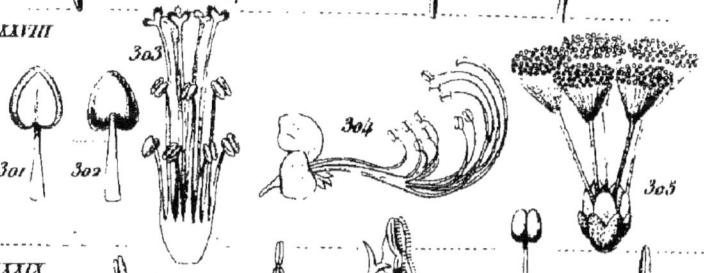

301 302 304 305

LXXIX

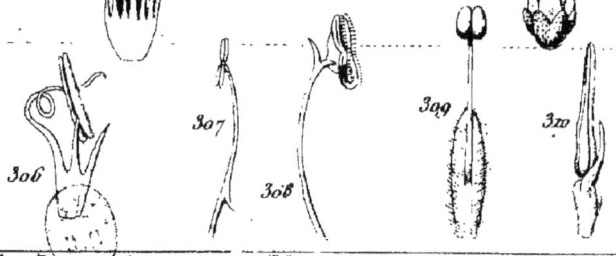

306 307 308 309 310

S.A. Node a Borromei del.   J. Loss éditeur   Corbié sc.

Corolles. Etamines.

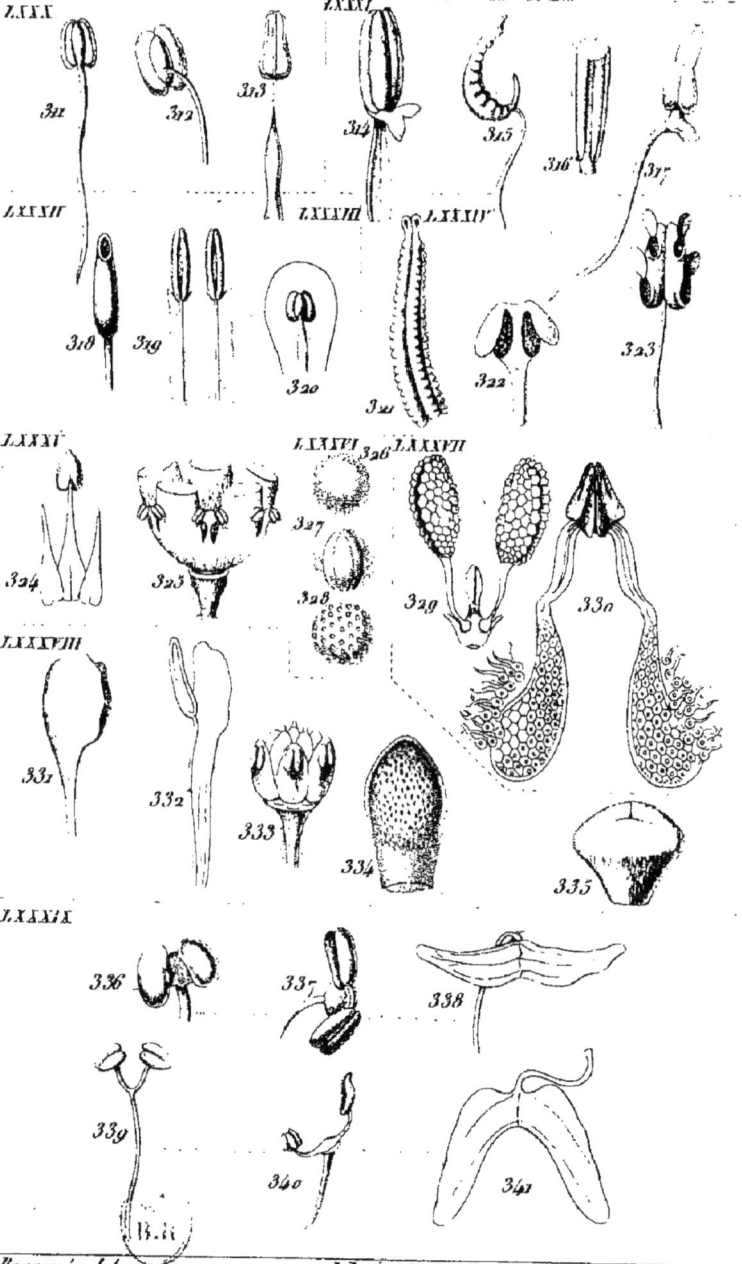

Etamines

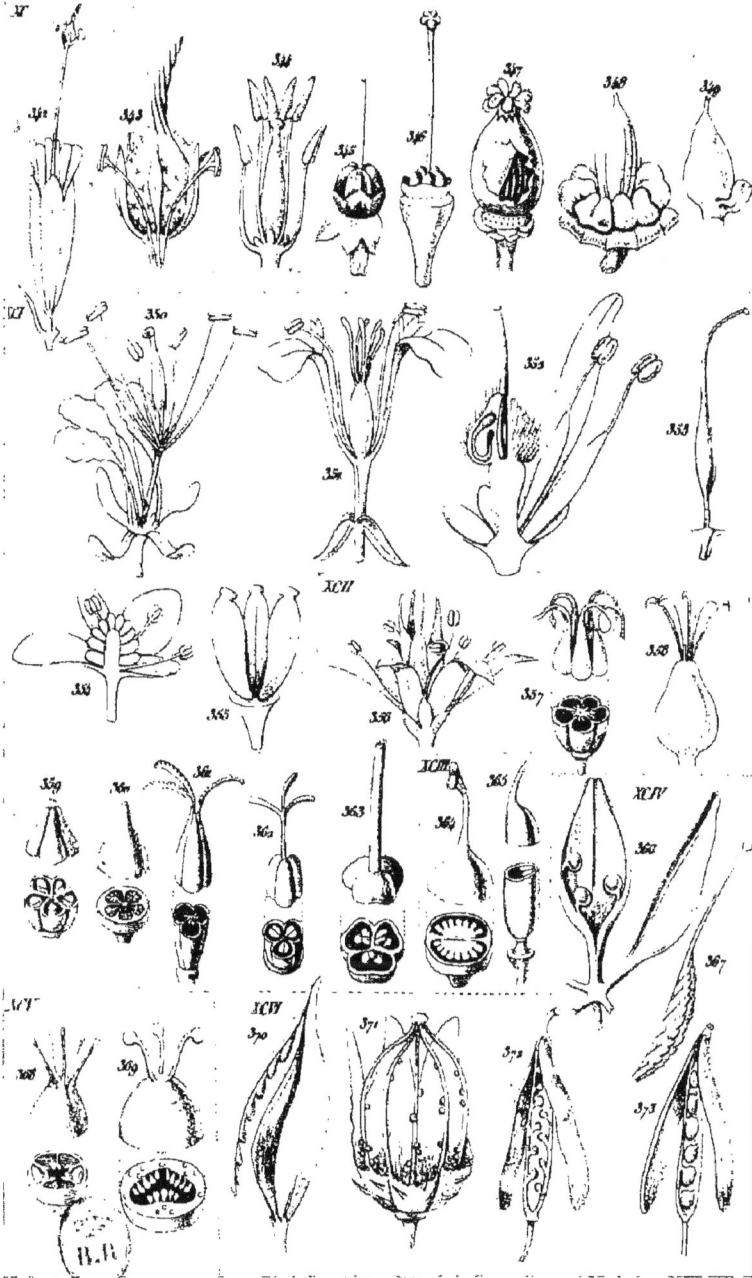

Disque? Réceptacle. Pistils.

Vallion imp.

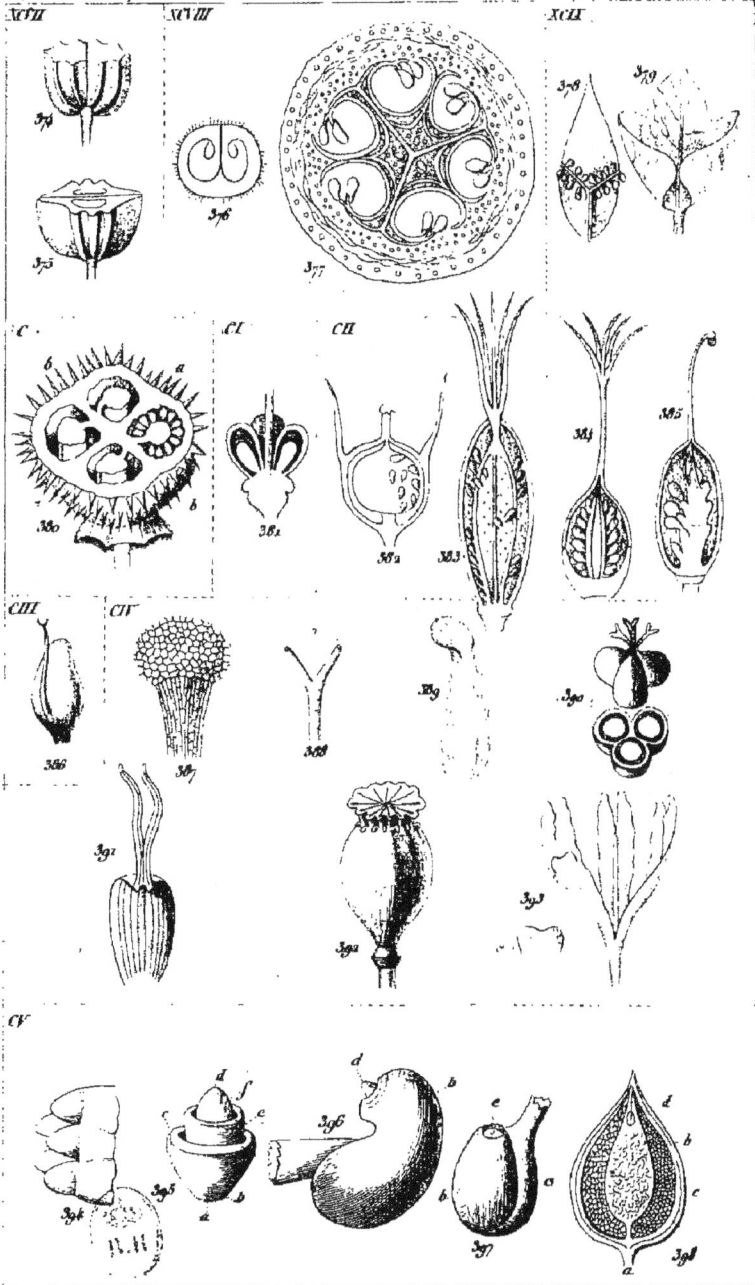

Pistils. Ovules.

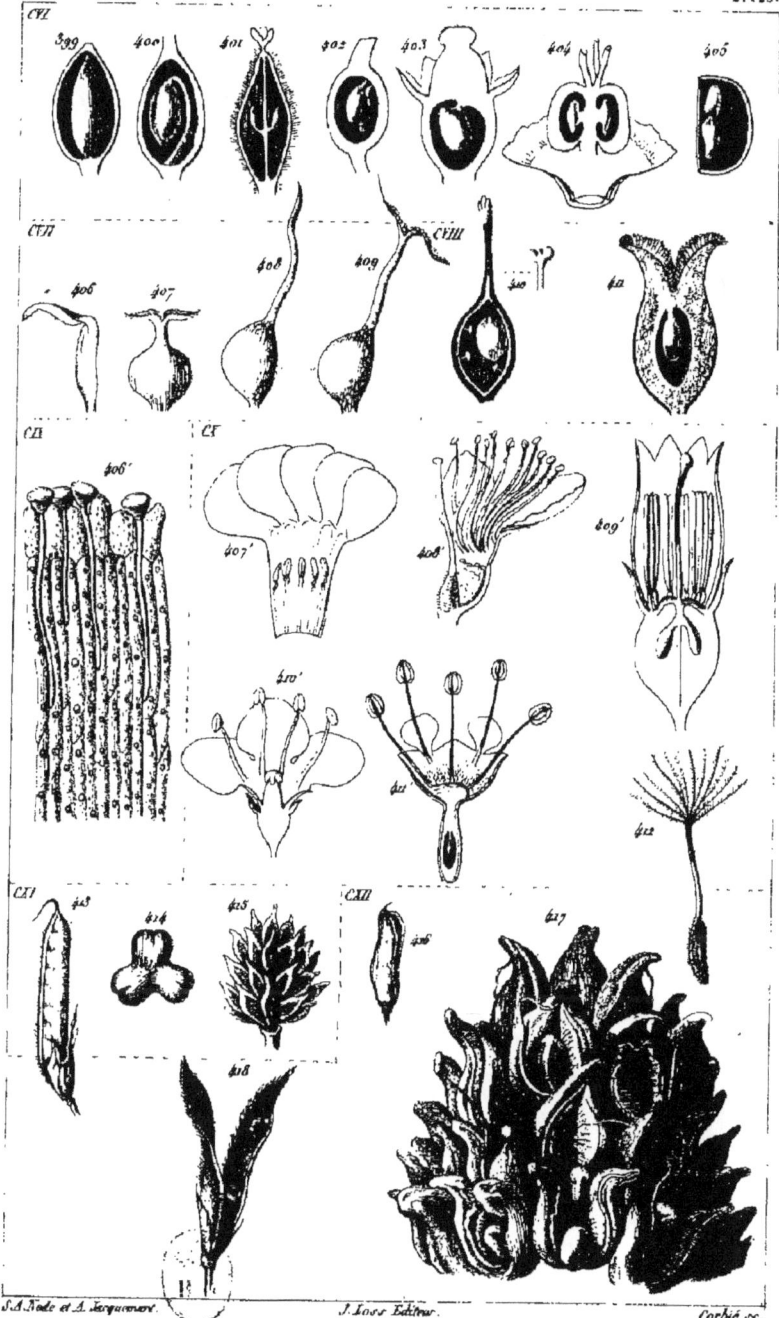

CVI.

399 400 401 402 403 404 405

CVII. CVIII.

406 407 408 409 410 411

CIX. CX.

406' 407' 408' 409'

410' 411 412

CXI. CXII.

413 414 415 416 417

418

S.A. Node et A. Jacquemart. J. Loss Editeur. Corbié, sc.

Ovules, Fécondation, Insertion, Fruits.

Valliau imp.

CXIII

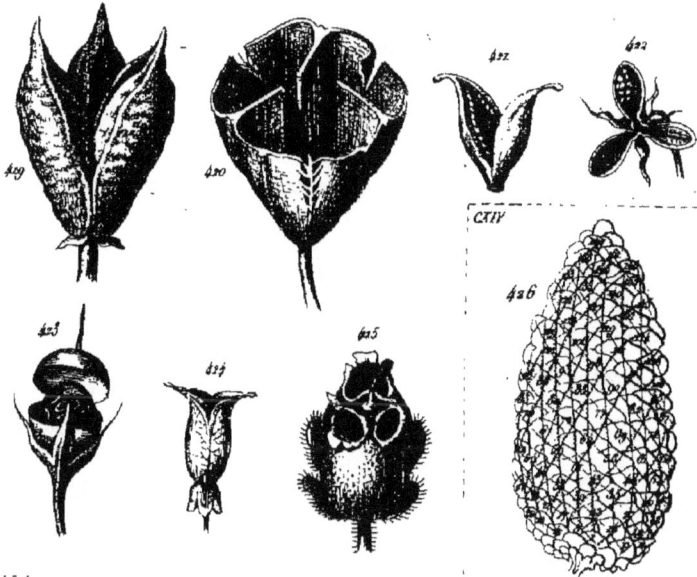
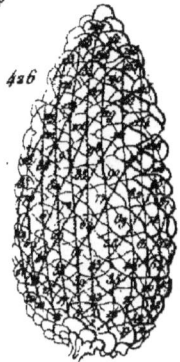

CXIV

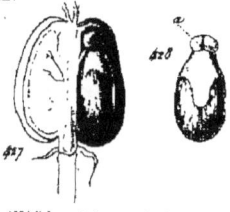
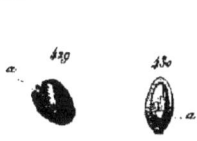
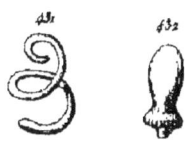

CXV   CXVI   CXVII

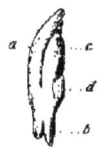

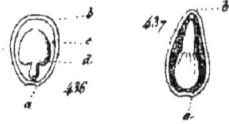

CXVIII

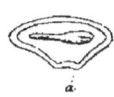
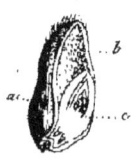

A. Jacquemart del.   J. Loss Éditeur.   Corbié sc.

Fruits, Graines.

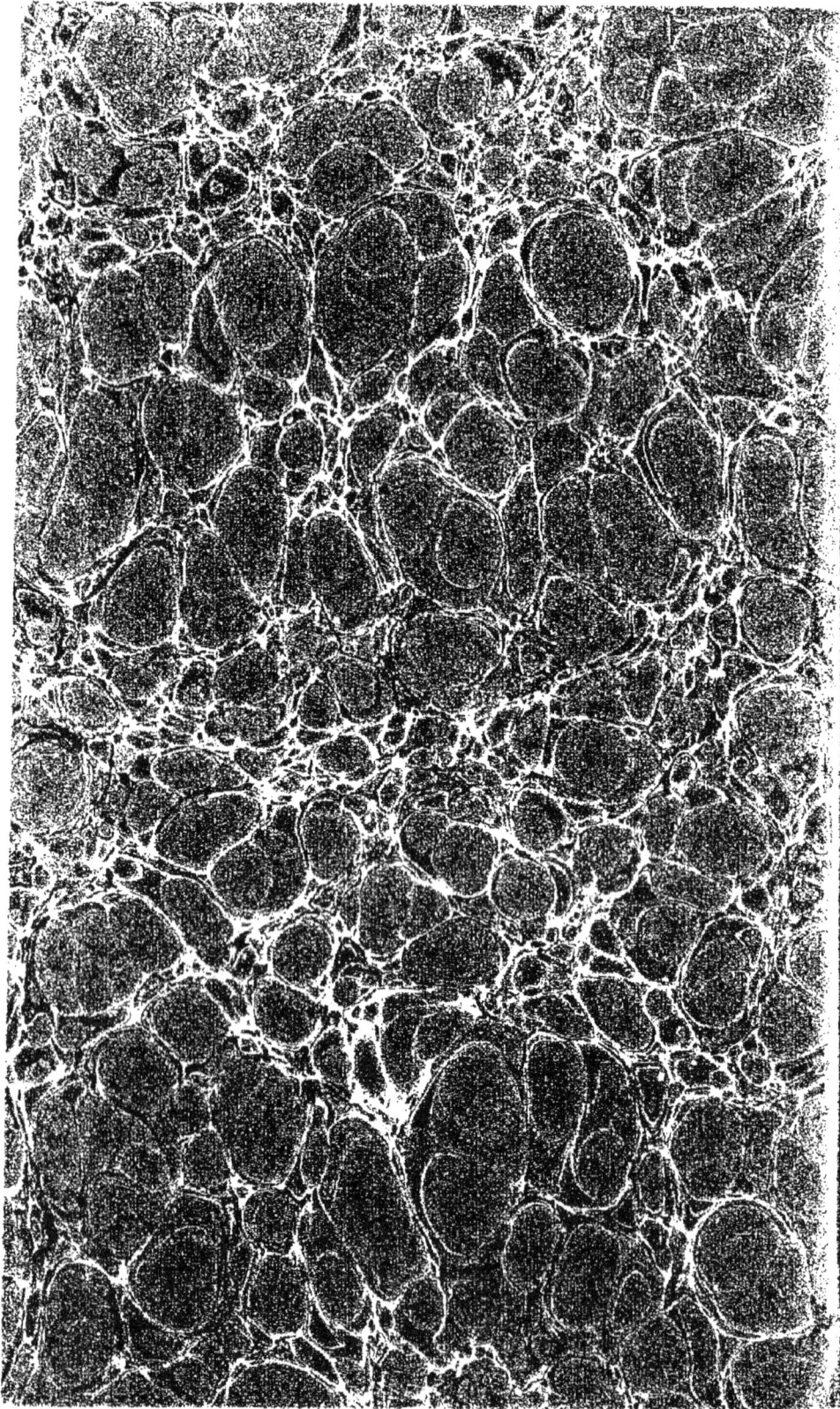

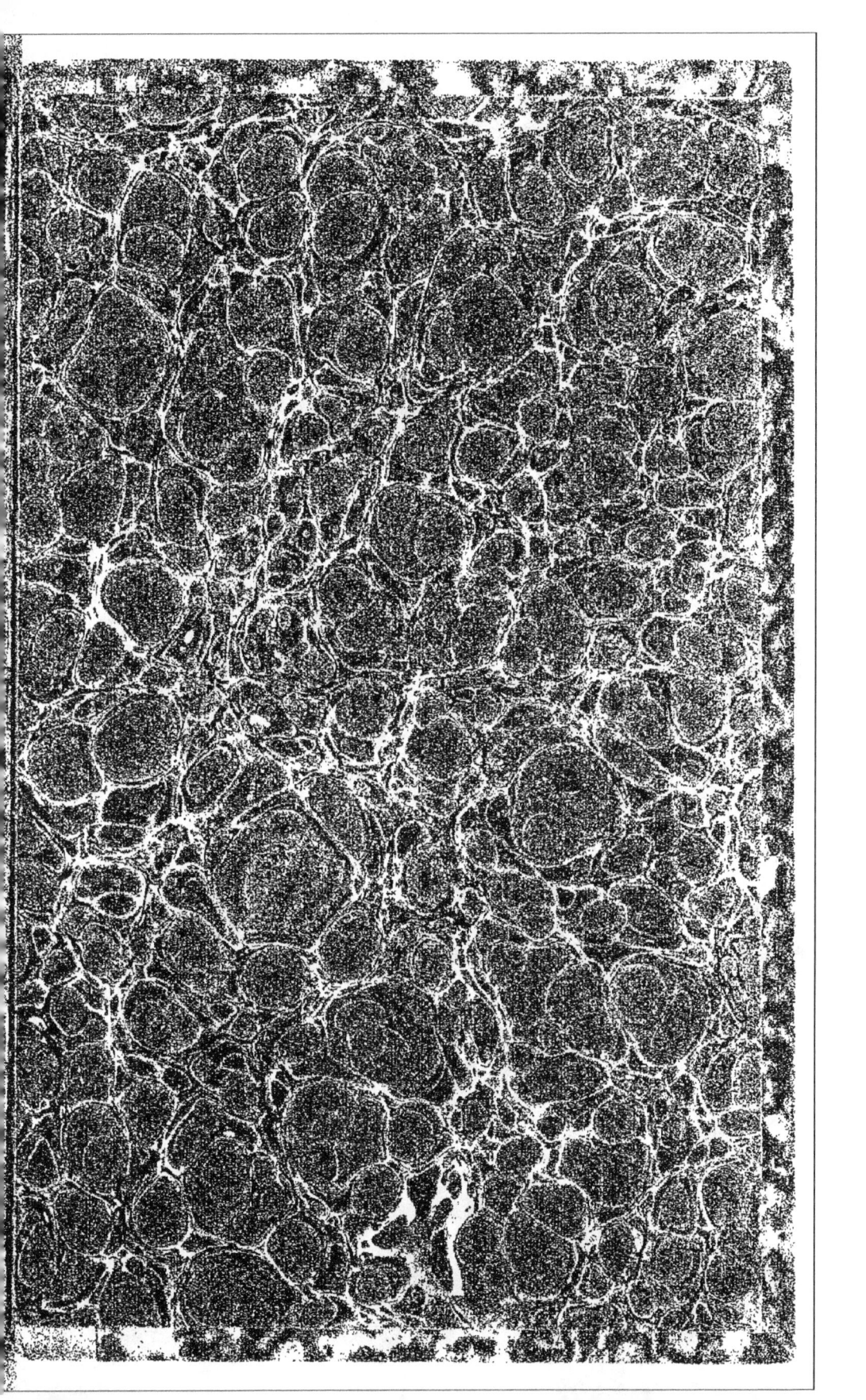

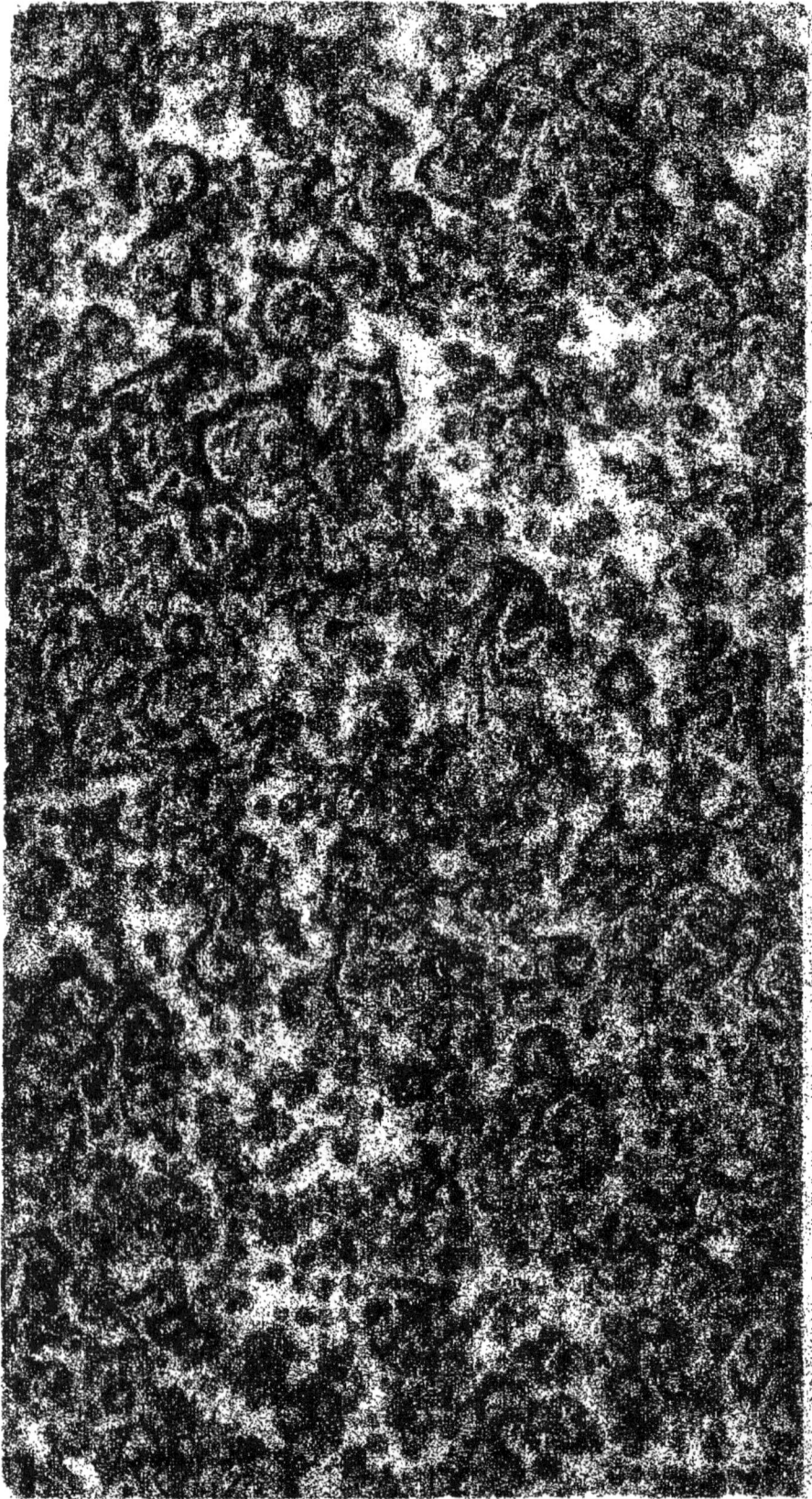